Excelで学ぶ 多変量解析入門

新装版

菅 民郎 著

次世代の解析手法「拡張型数量化1類」を解説

Ohmsha

□■まえがき■□

データ分析の業務に携わっている人々は、常日頃「顧客に喜ばれる製品にするには、どのようなところを改良すればよいか」、「どのような属性の消費者に、どのような特性の製品を開発すればよいか」、「生産性を上げるためには、運用方法、工法をどのように変えればよいか」、「売上を伸ばすためには、どのような販促活動をとればよいか」といったテーマに取り組んでいます。しかし、これらの目的を達成するためには、いろいろな要因が絡み合っていて簡単に解決できないことも多いでしょう。

このようなテーマを解決してくれるのが多変量解析です。多変量解析は、実験やアンケート調査で収集されたデータを分析して、複雑に絡み合っている要因相互の関係を明らかにし、目的を解決するためのモデル式を作成してくれる手法です。したがって、多変量解析は、職業や、文科系・理科系を問わず、データ分析を行う人ならば、必ず勉強しておかなければならない手法であると思います。多変量解析は数式が多く、大変難しいと思われがちですが、データ分析をする人が学ぶのは、数式ではなく現実の仕事や研究に応用する方法です。

このことを踏まえて筆者は、数学的理論はできるだけ省き、具体例を用いわかりやすく、しかも重要なことはきっちり解説しようという方針で、この本を執筆いたしました。

多変量解析法は、電卓での計算は困難なためパソコン用ソフトを用いることになります。ソフトを使って解説する場面では、マイクロソフト社のExcelにある「分析ツール」で行います。「分析ツール」で実行できない手法は、株式会社アイスタットで開発したExcelアドインソフトウェア（無料ダウンロード）を適用します。

また読者の方から要望が多かった拡張型数量化1類については新たに章を設けて解説しています。

本書をお読み頂いて、読者の業務・研究の一助になれば幸いです。

2023年7月

菅　民郎

□■目　　次■□

第 1 部　多変量解析を学ぶための基本的統計解析法

第1章　基本統計量

第2章 相関分析

第3章 直線回帰分析

第4章 曲線回帰分析

第5章 CS分析

第２部　多変量解析法

第6章　多変量解析の概要

第7章　重回帰分析

第8章 時系列重回帰分析

第9章 主成分分析

第10章 コンジョイント分析

本書の例題で使用しているデータなどは、あくまで本書執筆のために例として紹介したものです。
データなどは全て架空のものですのであらかじめご了承ください。

第1部

多変量解析を学ぶための基本的統計解析法

多変量解析は多くの変数（項目）を取り扱い、変数相互の関係を関係式で表現し、作成した関数式を用い、いろいろなテーマを解決する手法です。

ここでは多変量解析を学ぶうえで必要な統計解析手法を学びます。個々の手法はデータ分析に利用できますが基礎から詳しく勉強したい方は『Excelで学ぶ統計解析入門』（オーム社発行）をご参考ください。

第1章

基本統計量

1.1 基本統計量とは

ここにAさんという人がいます。Aさんについて様々なデータを収集した結果、身長が165 cmであり、血液型はA型、数学の得点は65点、性別は女性であるなど、その他諸々のことがわかりました。

Aさんのデータを統計的に処理できるでしょうか。

統計学は、一定の条件に基づいて集められた「データのまとまり」を扱うものです。ですから、あらゆるデータを扱うことができるといっても、このような「特定の個人（1人だけ）のデータ」は統計学の関知するところではありません。

例えば「A、B、…、J」という10人の人たちについて「身長」と「性別」のデータを得たとします。身長は背の高い人も低い人も、また、性別は男性の人も女性の人もいるでしょう。このような個々のデータの差異を**変動**といいます。

データが変動しているがために、その集団は「背の高いほうなのか低いほうなのか」あるいは「男性は多いほうか少ないほうか」を把握する必要性が生じてくるのです。そこで統計学を用い、身長の平均や性別における男性の割合（比率）などを求めることになります。

もし、全員の身長が165 cm、性別では全員が男性であったとします。これでは身長の平均や男性の比率を求めること自体意味がないことでしょう。いま述べたように、集団に属するデータから平均値や比率を求め、集団の特徴や傾向を明らかにする方法を、統計学では**記述統計学**といいます。そして、平均値や比率、変動の値を**基本統計量**といいます。

ここでは多変量解析を学ぶために知っておかなければならない基本統計量をおさらいすることにとどめておきますが、変動の原因は相関分析や多変量解析という手法によって解明することができます。

なお、相関分析は第2章、多変量解析の詳細については第6章以降で解説します。

1.2 Excelデータ分析で基本統計量を出力する

［データ分析］は、Excel 2003まで［分析ツール］と表現されていた機能とまったく同様のものです。以降、様々な場面で使用する［データ分析］は、Excel 2003までをご利用の方は［分析ツール］と読み換えてください。

Excelのデータ分析では、13種類の基本統計量を計算することができます（図1.1）。次のデータに、データ分析を適用し、それぞれの統計量について解説します。

例題 1-1 次のデータはある会社の社員の給与を示したものです。このデータの基本統計量を Excel の［データ分析］で求めなさい。

データ単位：万円

社員名	大竹	武宮	石田	坂田	加藤	藤沢	林	小林	依田	山下
給料	21	24	26	26	30	32	34	37	40	130

注 Excel の［データ分析］を使います。

Excel 多変量解析演習用データ　シート名「給与」

❶ 株式会社アイスタットのホームページ（https://istat.co.jp/）より「多変量解析演習用データ .xlsx」をダウンロードして開きます。
ダウンロードの方法は、本書 269 ページをご参照ください。

❷ シート名「給与」を選択します。

❸ Excel のメニューバー［データ］から［データ分析］を選択します。

注 データ分析が表示されない場合、付録 付 -5 をご覧ください。

❹ 下記画面で［基本統計量］を選択し、OK ボタンを押します。

◆図 1.1
［基本統計量］を選択

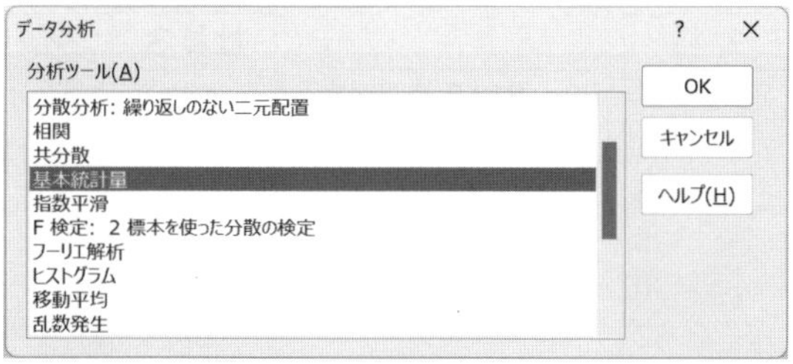

下記画面が表示されます。過去の Excel では右図のように入力欄横のアイコンが異なります。

◆図 1.2
［基本統計量］の指定画面

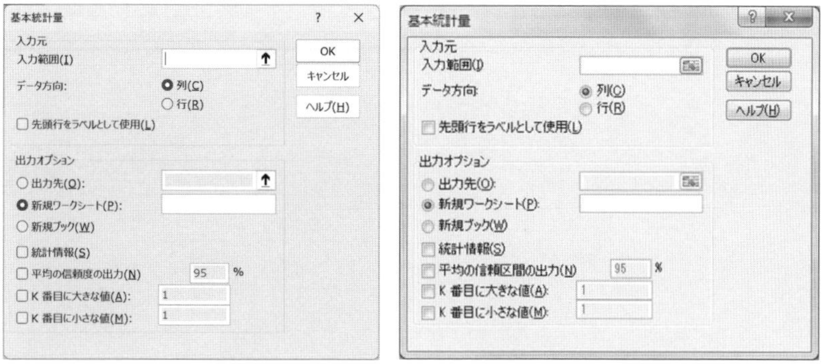

❺ 下記の画面どおりの指定を行ってください。

◆図1.3
入力方法

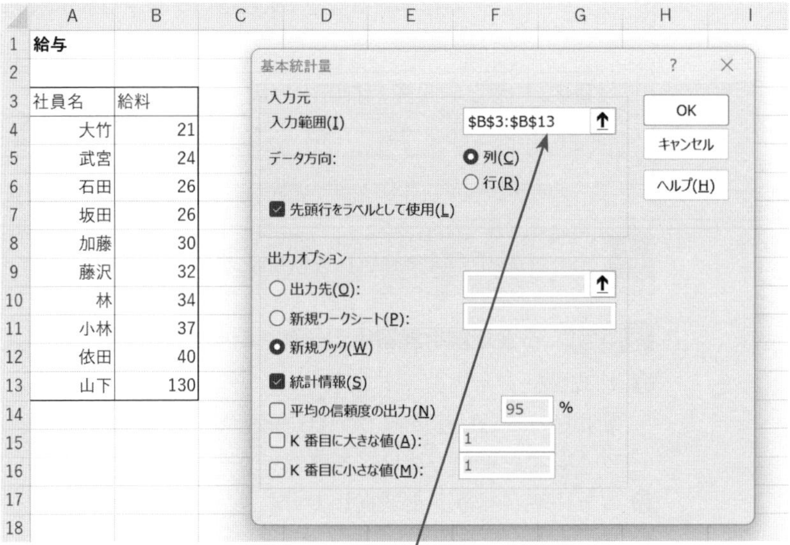

◆図1.4
入力範囲の内容

☑ 先頭行をラベルとして使用

↓

項目名とデータを範囲指定

社員名	給料
大竹	21
武宮	24
石田	26
坂田	26
加藤	30
藤沢	32
林	34
小林	37
依田	40
山下	130

B3～B13を範囲指定すると、$B3:$B13と表示される

☐ 先頭行をラベルとして使用

↓

データのみを範囲指定

社員名	給料
大竹	21
武宮	24
石田	26
坂田	26
加藤	30
藤沢	32
林	34
小林	37
依田	40
山下	130

B4～B13を指定

データ方向

◆図 1.5
データの方向

⦿列（C）
○行（R）
データの入力方向が縦

社員名	給料
大竹	21
武宮	24
石田	26
坂田	26
加藤	30
藤沢	32
林	34
小林	37
依田	40
山下	130

○列（C）
⦿行（R）
データの入力方向が横

社員名	大竹	武宮	石田	坂田	加藤	藤沢	林	小林	依田	山下
給料	21	24	26	26	30	32	34	37	40	130

出力オプション

結果は新規ブックに出力するので［⦿新規ブック］にしてください。
統計情報を ✓ すると 13 種類の基本統計量が出力されます。

出力結果

図 1.3 で OK ボタンを押すと、次が出力されます。

◆表 1.1
出力結果

	給料	順番
平均	40	3
標準誤差	10.17513	10
中央値（メジアン）	31	4
最頻値（モード）	26	13
標準偏差	32.1766	9
分散	1035.333	8
尖度	9.078321	11
歪度	2.963438	12
範囲	109	7
最小	21	6
最大	130	5
合計	400	2
標本数	10	1

➡ この番号順に解説します

1.3 基本統計量の解説

◆ 標本数（サンプルサイズ）

標本数とはデータの数のことでnで表します。

$n=10$

この例では、社員数が10人であることを示しています。

◆ 合　計

データの合計でTで表します。

$T=\sum x_i=21+24+26+\cdots+130=400$

この会社の合計給与は400万円です。

◆ 平　均

データの平均で$\bar{x}$で表します。

$$\bar{x}=\frac{T}{n}=\frac{\sum x_i}{n}=\frac{400}{10}=40 \qquad \cdot\cdot\cdot（式1.1）$$

この会社の平均給与は40万円です。

◆ 中央値

データを数値の大きい（小さい）順番に並べたとき、ちょうど真ん中に位置する数値を中央値といいます。

データが偶数の場合は、中央の2つのデータの平均をとります。

中央値のことをメディアンともいい、mdで表します。

$md=(30+32)\div 2=31$

↑　↑

5番目　6番目

この会社の中央値は31万円です。

さて、この会社において山下氏はずばぬけて高い給料をとっています。

（式1.1）で計算された平均値は山下氏にひっぱられて高めの値になっています。

この例のように異常データがあるときは、平均値より中央値の方がその集団の特色を正確に表しています。

◆最　大

データの最大値でMAXで表します。この例では$MAX=130$万円です。

◆最　小

データの最小値でMINで表します。この例では$MIN=21$万円です。

◆範　囲

範囲は、最大値と最小値の差で、レンジともいい、Rで表します。

$R=130-21=109$

この会社で最も給与の高い人と低い人との差は109万円ということです。

◆分　散

分散は、データのばらつき具合を示す値で、値が大きいほどばらつきが大きいことを意味しています。分散はVで表します。

計算方法は次のように行います。

◆表1.2 偏差平方和の計算方法

X_i	$X_i-\bar{x}$	$(X_i-\bar{x})^2$
21	$=21-40=-19$	361
24	$=24-40=-16$	256
26	$=26-40=-14$	196
26	$=26-40=-14$	196
30	$=30-40=-10$	100
32	$=32-40=-8$	64
34	$=34-40=-6$	36
37	$=37-40=-3$	9
40	$=40-40=0$	0
130	$=130-40=90$	8100
	合計	9318

← 偏差平方和といいます

分散は、標本数から1人少ない人数（$n-1$）で合計を割った値です。

$$V=\frac{\sum(x_i-\bar{x})^2}{n-1}=\frac{9318}{10-1}=\frac{9318}{9}=1035.333 \qquad \cdots（式1.2）$$

アンケート調査や製造工程での抜き取り検査などは、全体の中の一部分について調べ、全体のことを推測する方法をとります。この調査や検査のことを**標本調査**といいます。

標本調査における分散は（$n-1$）を用います。

調査会社がこの会社の平均給与を調べるために、100人いる社員のうち10人について給料を聞いたとします。この場合の分散は（$n-1$）＝9人で割ります。

社員が10人の会社で、10人全員の給与を調べた場合の分散は$n=10$人で割ります。

◆ 標準偏差

分散は計算過程でデータを2乗しているので、分散の単位はもとのデータの単位の2乗になります。

ここでは、もとのデータ単位は「台」ですから、算出された分散の単位は「台^2」（台の2乗）ということになります。ばらつきの程度を比較するだけであれば、分散を用いればよいのですが、もとのデータと同じ単位に戻して扱いたいときは、分散の平方根を取り、それを用います。この値を**標準偏差**といいます。

標準偏差をuで表します。

$$u=\sqrt{V}=32.1766 \qquad \cdots（式1.3）$$

この会社の標準偏差は32.2万円です。

標準偏差を見ただけでは、この会社の給料の変動が大きいのか小さいのかわかりません。標準偏差を平均で割ってみます。この値を**変動係数**といいます。

$$変動係数=\frac{標準偏差}{平均}=\frac{32.2}{40}=0.805 \qquad \cdots（式1.4）$$

この値が大きくなるほど、変動が大きいといえますが、一般的に0.2を超えれば変動大、0.2以下なら変動小と判断することができます。

例題で山下氏の給料が130万円でなく、40万円だとして平均、標準偏差、変動係数を求めてみます。

◆表 1.3
平均、
標準偏差、
変動係数

社員名	給料
大竹	21
武宮	24
石田	26
坂田	26
加藤	30
藤沢	32
林	34
小林	37
依田	40
山下	40
平均	31
標準偏差	6.73
変動係数	0.22

変動係数は0.2に近い値なので、
変動は大きからず小さからずの
特色といえます。

変動係数について

ほとんどない	0〜0.2
ややあり	0.2〜0.5
ある	0.5〜1.0
かなりあり	1.0以上

◆ 標準誤差

標準偏差を$\sqrt{n}$で割った値でS_eで表します。

$$S_e = \text{標準誤差} = \frac{\text{標準偏差}}{\sqrt{n}} = \frac{32.1766}{\sqrt{10}} = 10.17513 \quad \cdots\text{（式 1.5）}$$

この値を用い、母平均の推定や検定を行います。
15ページをご覧ください。

◆ 尖　度

集団の分布は、常に正規分布とは限りません。左右対称でなかったり、中心に寄りすぎたり、逆にすそが広がりすぎたり、様々な場合があります。そこで正規分布を基準としたとき、集団の分布が上下あるいは左右に、どの程度偏っているのかを見るための散布度が、「歪度」と「尖度」です。

「尖度」は「せんど」と読み、別名「とがり」ともいいます。

尖度（せんど）

$$H=\frac{N(N+1)}{(N-1)(N-2)(N-3)}\sum_{i=1}^{N}\left(\frac{x_i-m}{\sigma}\right)^4-3\frac{(N-1)^2}{(N-2)(N-3)} \quad \cdots（式1.6）$$

H：尖度、N：データ数、m：平均、σ：標準偏差

$H>0$　　$H=0$　　$H<0$

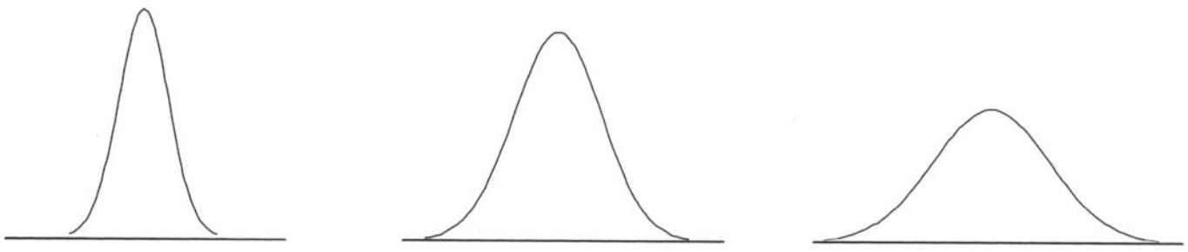

正規分布より尖っている　　正規分布と同じ形状　　正規分布より偏平

◆ 歪　　度

「歪度」は「わいど」と読み、別名「ゆがみ」ともいいます。

歪度（わいど）

$$G=\frac{N}{(N-1)(N-2)}\sum_{i=1}^{N}\left(\frac{x_i-m}{\sigma}\right)^3 \quad \cdots（式1.7）$$

G：歪度、N：データ数、m：平均、σ：標準偏差

$G>0$　　$G=0$　　$G<0$

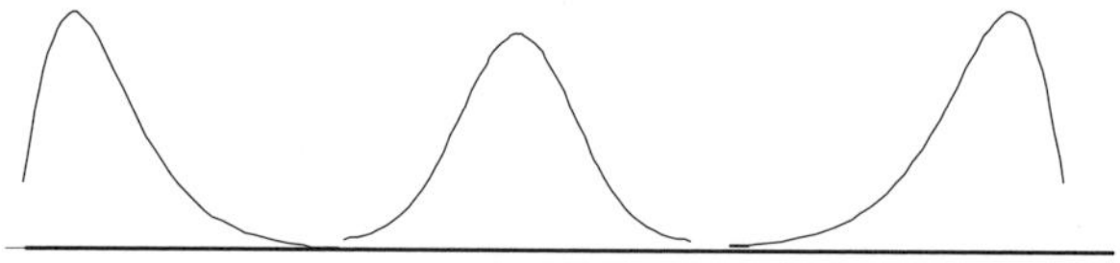

峰が左より（右に歪んでいる）　　峰が中央にある（左右対称）　　峰が右より（左に歪んでいる）

階級幅10万円で分布を作成すると以下となり、正規分布にはほど遠い形状となっています。これより尖度、歪度は「0」から大きく離れた値になります。

◆表1.4
分布の例①

分布

階級幅	人数
20～29	4
30～39	4
40～49	1
50～59	0
60～69	0
70～79	0
80～89	0
90～99	0
100～109	0
110～119	0
120～129	0
130～139	1

尖度	9.078
歪度	2.963

次のようなデータの場合、同様に階級幅10万円で分布を作成すると、正規分布に近い形状となりました。これより尖度、歪度は「0」に近い値になります。

◆表1.5
分布の例②

個人データ

名前	給与（万円）
大竹	19
武宮	23
石田	27
坂田	32
加藤	35
藤沢	36
林	37
小林	44
依田	47
山下	55

分布

階級幅	人数
19～29	1
20～29	2
30～39	4
40～49	2
50～59	1

尖度	－0.380
歪度	0.252

◆ 最頻値

最頻値とは、データの中で最も多く存在する数値のことです。例えば、1、1、2、2、2、3、5、5の8個のデータがある場合、「2」が3個で最も多いので最頻値は「2」となります。最頻値を別名「モード」といいます。

この会社の最頻値は、26万円が2人、他は1人なので26万円が最頻値となります。

留意点

●例　入力したデータ

10	3	4	10	3	5

↓

3、3、4、5、10、10
（3、3 → 2　10、10 → 2）

最頻値が2つ以上ある場合、入力した順番では「3」より「10」が先に入力されているので、最頻値は「10」が出力されます。

●例　入力したデータ

5	4	7	10	3	2

↓

2、3、4、5、7、10

最頻値は存在しないので、出力先には#N/Aが表示されます。

注　Excelでは#N/Aは、関数や数式に使用できる値がない場合に返されます。

1.4 出力オプション［平均の信頼区間の出力］

図1.3の画面で ☑［平均の信頼区間の出力］にすると、最後の行に下記が出力されます。

信頼区間	23.01777

信頼区間は次の公式によって導かれるものです。

信頼区間 = t × 標準誤差　　　　・・・（式1.8）

（標準誤差 → 11ページの標準誤差より 10.17513）

（t ↓）

tは自由度$n-1$のt分布における値

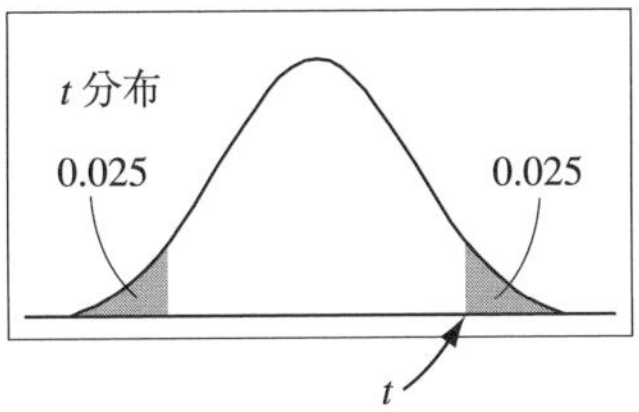

有意水準　0.05（5%）

注：有意水準は推定がはずれる確率で通常0.05（5%）を用います。推定が当たる確率を用いる場合は95%を用います。

tの値はExcelの関数で求めることができます。

シート上のセルに次を入力します。

＝TINV（0.05, 9）　← $n-1=10-1=9$

エンターキーを押すと2.2622が出力されます。

信頼区間＝2.2622×10.17513＝23.018

◆ 母平均の推定

調査会社が、この会社の10人の社員について給料を調査し、会社全体（100人）の給料を推定することを、母平均の推定といいます。

母平均の推定は次の公式によって算出されます。

$\bar{x}$ ± 信頼区間 × $\sqrt{\dfrac{N-n}{N-1}}$　　　　・・・（式1.9）

（$\bar{x}$ ↑ 平均）

Nは母集団の大きさで、この例では$N=100$人、
nは標本調査のサンプルサイズで、この例では$n=10$人。

$$40 \pm 23.018 \times \sqrt{\frac{100-10}{100-1}} = 40 \pm 23.018 \times 0.953 = 40 \pm 21.9$$

この会社100人の平均給料は18.1万円〜61.9万円の間にあると推定できます。

推定幅が大きいのは、山下氏（130万円）が存在することによって、標準偏差が大→標準誤差大→信頼区間大となったためです。

表1.3のデータで、母平均の推定を行ってみます。

◆表1.6 母平均推定の例①

平均	31
標準偏差	6.733
標準誤差	2.129
信頼区間	4.817

← Excelのデータ分析［基本統計量］で出力

$$\bar{x} \pm 信頼区間 \times \sqrt{\frac{N-n}{N-1}} = 31 \pm 4.817 \times \sqrt{\frac{100-10}{100-1}} = 31 \pm 4.6$$

これよりこの会社の平均給料は26.4万円〜35.6万円にあると推定できます。これでも推定幅が大きいと思う方は、標本調査の人数を増やしてください。

仮に40人を調べ、下記の結果を得たとします。

◆表1.7 母平均推定の例②

32	32	26	21
26	26	30	40
40	37	40	24
26	26	24	21
21	21	34	37
24	40	32	40
34	34	26	40
30	34	37	30
30	40	24	26
32	37	26	40

平均	31
標準偏差	6.469
標準誤差	1.023
信頼区間（95.0%）	2.069

$$\bar{x} \pm 信頼区間 \times \sqrt{\frac{N-n}{N-1}} = 31 \pm 2.069 \times \sqrt{\frac{100-40}{100-1}} = 31 \pm 1.6$$

これよりこの会社の平均給料は29.4万円〜32.6万円の間にあると推定できます。調査データの中に異常データがなく、人数が多くなるほど、精度の高い推定を行うことができるとご理解いただけたと思います。

第2章

相関分析

2.1 相関の種類

表2.1は、△△年のプロ野球において、一軍で50試合以上出場した選手の打率と100m走、視力、血液型、甲子園出場経験を示したものです。

◆表2.1 △△年プロ野球のデータ

選手No.	打率	100m走（秒）	視力	血液型	甲子園出場経験
1	0.279	11.9	1.64	B型	無し
2	0.337	11.0	1.35	O型	無し
3	0.260	12.6	1.04	AB型	無し
:					
:					
98	0.279	12.0	1.15	A型	無し
99	0.263	12.4	1.01	A型	有り
100	0.241	13.9	0.86	AB型	無し

このデータに対し、まず始めに行うことは分析目的を設定することです。この例における分析目的は次の2点とします。

①各質問項目の平均や比率を求め、集団の特色や傾向を明らかにする。

②質問項目間の関係を調べ、次のことを明らかにする。

i　足の速い選手、目の良い選手ほど、打率を上げられるといわれているが、このことが本当であるかを明らかにしたい。

ii　ある特定の血液型や甲子園出場経験者において打率が高くなる傾向があるかを明らかにしたい。

次に行うことは、分析目的に応じて、どの統計手法を適用するかを判断することです。統計手法の選択は、分析目的と適用するデータの形態によって行います。

留意点

表2.1における視力1.64、1.35、1.04、…あるいは血液型のB型、O型、AB型、…をデータと呼びます。視力のデータを見ると例えば「No.1の選手は1.64でNo.2の1.35より大きい」といったことがいえます。また全生徒の視力を合計して人数で割り平均視力を求めることもできます。血液型についても同じようなことができるでしょうか。「No.1の血液型B型はNo.2のO型より大きい」といったり、血液型の平均値を出すことなどには意味のないことはおわかりいただけるでしょう。このことからおわかりのように、データの形態は2つに大別されます。1つは視力のような数量データで、もう1つは血液型のようなカテゴリーデータです。数量データ

は、データ間の大小関係を比較したり、演算を行ったときに、意味のある数値となるデータです。カテゴリーデータは、データ間の大小比較や演算をしても無意味で、ここでの数値は単なる分類の意味しか持ちません。この例における各質問項目のデータ形態は次のようになります。

◆表2.2 各質問事項のデータ形態

打率	100 m 走	視力	血液型	甲子園出場経験
数量	数量	数量	カテゴリー	カテゴリー

◆ 集団の特色や傾向を明らかにする「平均」と「比率」

集団の特色や傾向を明らかにするために平均や比率を用いますが、「平均」は数量データに対する手法、「**比率**」はカテゴリーデータに対する手法です。

◆表2.3 数量データとカテゴリーデータ

数量データ

項目名	平均
打率	0.258
100 m 走	12.9 秒
視力	1.12

カテゴリーデータ

項目名	カテゴリー名	比率
血液型	A 型	39%
	O 型	36%
	B 型	14%
	AB 型	11%
甲子園出場	有り	27%
	無し	73%

◆ 項目間の関係を明らかにする３つの相関係数

項目間の関係を調べる手法が**相関分析**です。

相関分析で良く使われる相関係数は次の3つです。これらもデータ形態によって使い分けられます。

◆表2.4 3つの相関係数

「数量データ」	――	「数量データ」	→	単相関係数
「数量データ」	――	「カテゴリーデータ」	→	相関比
「カテゴリーデータ」	――	「カテゴリーデータ」	→	クラメール連関係数

ここでの目的を明らかにするためには、次なる項目間の関係を調べることになりますが、データ形態によって適用する相関係数が自動的に決まります。

◆表2.5 相関係数の選択方法

「100 m走」と「打率」	「数量」「数量」	単相関係数
「視力」と「打率」	「数量」「数量」	単相関係数
「血液型」と「打率」	「カテゴリー」「数量」	相関比
「甲子園経験有無」と「打率」	「カテゴリー」「数量」	相関比
「血液型」と「甲子園経験有無」	「カテゴリー」「カテゴリー」	クラメール連関係数

留意点

「甲子園出場経験有無」のようにカテゴリー数が2つの場合に限って、次に示すようにカテゴリーデータを得点化し、数量データとして扱うことが可能です。

有り→1　無し→0　(有り→0　無し→1　でも良い)

したがって、「甲子園出場経験」と「打率」との相関は相関比、単相関係数どちらを使ってもかまいません。

留意点

次のように「打率」を3分割し、各選手の打率レベルを調べたとします。

打率範囲	→	打率レベル
0.25未満	→	低
0.25以上0.27未満	→	中
0.27以上		高

◆表2.6 各選手の打率レベル

選手NO.	打率	打率レベル
1	0.279	高
2	0.337	高
3	0.260	中
:	:	:
:	:	:
98	0.279	高
99	0.263	中
100	0.240	低

この作業によって、「打率」という数量データが「打率レベル」というカテゴリーデータに変換されました。

血液型と打率レベルの相関係数を求める場合、どちらもカテゴリーデータなので、クラメール連関係数を用いることになります。

2.2 単相関係数

単相関係数は「数量データ」と「数量データ」の関係を明らかにする統計手法です。

次はある会社における6つの営業所の売上額と広告費を調べたものです。

◆表2.7 営業所の売上額と広告費

営業所	売上	広告費
A	8	5
B	9	5
C	13	7
D	11	5
E	14	8
F	17	12

上記データから、広告費を多く使う営業所ほど売上は大であるといえるでしょうか。このことを明らかにするために、単相関係数を算出するのですが、単相関係数を算出する前に**相関図**を作成してください。

◆図2.1 相関図

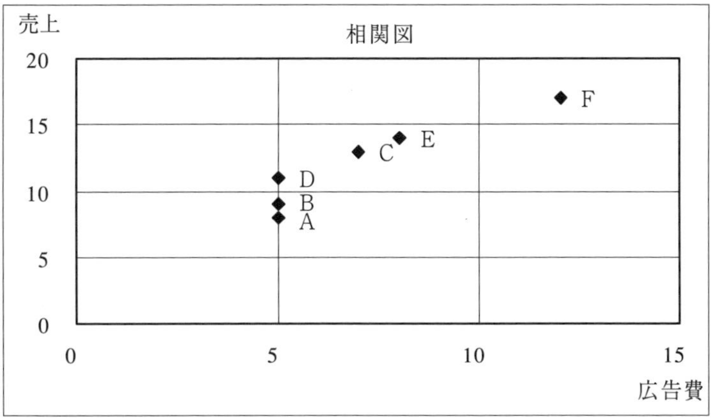

相関図をみると、広告費の値が決まれば売上額の値が決まるというわけではありませんが、両者の間にある程度の関連性が認められます。

このような関係がみられるとき、「広告費と売上額との間には相関関係がある」といい、相関関係の程度を示す数値が単相関係数となります。

単相関係数は、−1から+1までの値をとります。

単相関係数が±1に近いときは2つの変数の関係はほぼ直線的であって、±1から遠ざかるに従って直線的関係は薄れていき、0に近いときは変数の間に直線的な関係はまったくありません。

◆図2.2
単相関係数

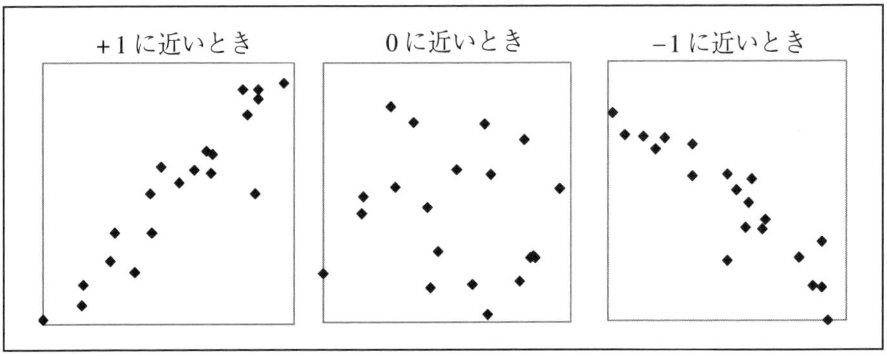

単相関係数でわかることは「直線的関係の有無」であって、例えば放物線のような曲線的関係があるかないかなどについては触れていません。

例えば次の図のような場合、xとyに直線的関係がないので相関関係もありません。しかし、xとyの間に全く関係がないともいえません。このような直線的でない2つの変数の関係を見ようとする場合は、単相関係数とは異なる尺度を用いなければなりません。

◆図2.3
曲線的関係

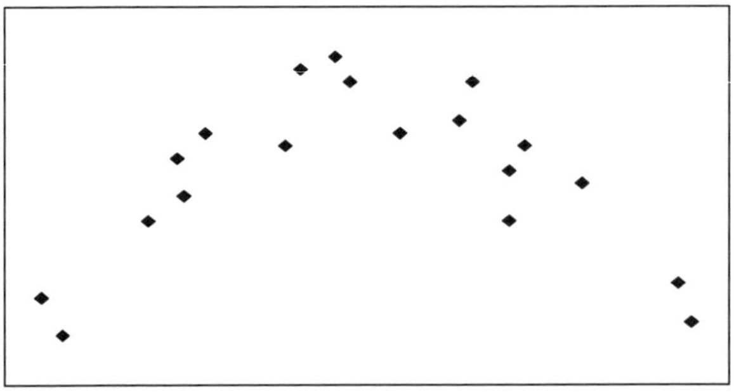

◆ 単相関係数の求め方

次のデータについて、どの程度の相関があるかを数値で表す方法を考えてみましょう。

◆表2.8
平均

学生／変数	A	B	C	D	E	F	G	H	I	J	平均
y 身長	146	145	147	149	151	149	151	154	153	155	150
x 体重	45	46	47	49	48	51	52	53	54	55	50

身長と体重の平均値を計算すると、それぞれ150 cm、50 kgになります。

相関図の中に身長の平均値を横線で、体重の平均値を縦線で描き加えたものが次の図です。

◆図2.4
身長と体重の相関図

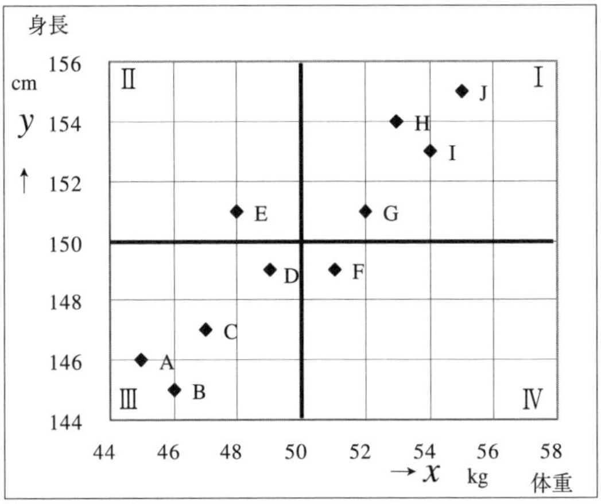

平均線で分けられた4つの領域を、図に示すようにⅠ～Ⅳとします。

変数xとyが無関係であるならば、点は4つの領域ⅠからⅣに均等にばらついて存在します。xとyの間に相関がありxが増加するとyも増加する傾向がある場合は、点は領域ⅠとⅢは特に多く、ⅡとⅣに少なくなります。逆にxが増加するとyが減少する傾向がある場合は、ⅡとⅣが多く、ⅠとⅢに少なくなります。

上記の相関図では、領域ⅠとⅢに点が多く、ⅡとⅣにそれぞれ1つずつしか点が存在しないので、身長と体重の間には相関関係が強いと推測することができます。そこで、身長と体重のデータ表について測定値から平均値を引いた値（**偏差**という）を求めて表2.9の③④に記入します。

③を平方し⑤に記入、④を平方し⑥に記入します。⑤の合計を身長yの**偏差平方和**といい、S_{yy}で表します。同様に⑥の合計を体重の偏差平方和といいS_{xx}で表します。

次に、③と④とを掛け算し⑦に記入します。⑦の合計を**積和**といい、S_{xy}で表します。

⑦列のデータを見るとEとFの値は負（マイナス）で、積和の値を小さくする要因になっています。このEとFを図2.4の相関図でみると、領域ⅡとⅣの場所にあります。

いま仮に、EとFが領域ⅠとⅢの範囲にあれば、そのときの偏差の積も正（プラス）の値になり、積和（S_{xy}）はさらに大きくなります。同時に、点の分布もさらに右上がりの直線的な傾向を示すようになります。このことから、積和（S_{xy}）の値が大きければ相関関係が強くなることがわかります。

◆表2.9
偏差平方和、積和の算出方法

	①身長 y_i	②体重 x_i	③ $y_i-\bar{y}$	④ $x_i-\bar{x}$	⑤ $(y_i-\bar{y})^2$	⑥ $(x_i-\bar{x})^2$	⑦ $(y_i-\bar{y})\times(x_i-\bar{x})$
A	146	45	−4	−5	16	25	20
B	145	46	−5	−4	25	16	20
C	147	47	−3	−3	9	9	9
D	149	49	−1	−1	1	1	1
E	151	48	1	−2	1	4	−2
F	149	51	−1	1	1	1	−1
G	151	52	1	2	1	4	2
H	154	53	4	3	16	9	12
I	153	54	3	4	9	16	12
J	155	55	5	5	25	25	25
計	$\sum y_i$ 1500	$\sum x_i$ 500	$\sum(y_i-\bar{y})$ 0	$\sum(x_i-\bar{x})$ 0	$\sum(y_i-\bar{y})^2$ 104	$\sum(x_i-\bar{x})^2$ 110	$\sum(x_i-\bar{x})(y_i-\bar{y})$ 98

合　計　$\sum y_i = 1500$　$\sum x_i = 500$

平均値　$\bar{y} = 150$　$\bar{x} = 50$

↑ (S_{yy})　↑ (S_{xx})：偏差平方和

↑ (S_{xy})：積和

極端な例として、次のように体重と身長の関係が1つの直線の上に乗っている場合について表2.9の手順に従って計算してみましょう。

◆図2.5
1つの直線上の場合

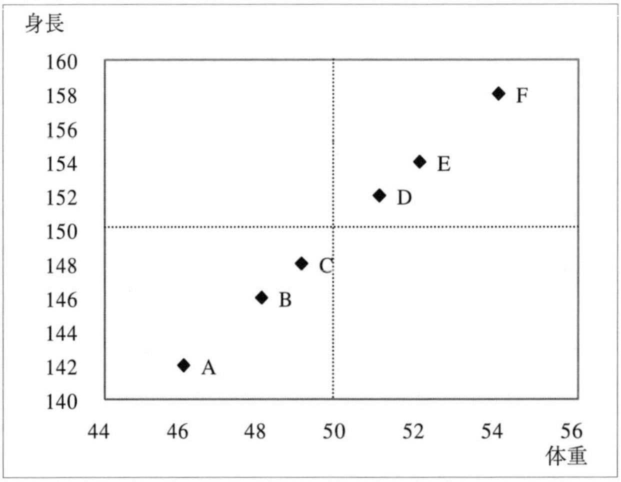

◆表2.10 相関関係がいちばん強いときの積和

	①身長 y_i	②体重 x_i	③ $y_i-\bar{y}$	④ $x_i-\bar{x}$	⑤偏差平方和 $(y_i-\bar{y})^2$	⑥偏差平方和 $(x_i-\bar{x})^2$	⑦積和 $(y_i-\bar{y})\times(x_i-\bar{x})$
A	142	46	−8	−4	64	16	32
B	146	48	−4	−2	16	4	8
C	148	49	−2	−1	4	1	2
D	152	51	2	1	4	1	2
E	154	52	4	2	16	4	8
F	158	54	8	4	64	16	32
計	900	300	0	0	168 S_{yy}	42 S_{xx}	84 S_{xy}

この例は、相関関係がいちばん強いときの関係にあたります。ということは、この例から導き出される相関係数が1.00になれば良いわけです。

当然ですが、相関関係がいちばん強いときの状態で、積和（S_{xy}）を「xの偏差平方和（S_{xx}）との偏差平方和（S_{yy}）の積の平方根」で割ると、1.00になります。

上記の表からこのことを確かめてみましょう。

$$\frac{S_{xy}}{\sqrt{S_{xx}\times S_{yy}}}=\frac{84}{\sqrt{42\times 168}}=\frac{84}{\sqrt{7056}}=\frac{84}{84}=1$$

この例からわかるように、単相関係数は、「積和」を「xの偏差平方和とyの偏差平方和の積の平方根」で割ることによって求めることができます。

公　式　**単相関係数**

$$r=\frac{\text{積和}}{\sqrt{x\text{の偏差平方和}\times y\text{の偏差平方和}}}=\frac{S_{xy}}{\sqrt{S_{xx}\times S_{yy}}}\quad\cdots\text{（式2.1）}$$

前ページの身長と体重の偏差表のデータについて、単相関係数を求めてみると、0.916となります。

$$r=\frac{S_{xy}}{\sqrt{S_{xx}\times S_{yy}}}=\frac{98}{\sqrt{110\times 104}}=\frac{98}{\sqrt{11440}}=\frac{98}{107}=0.916$$

◆ 単相関係数はいくつ以上あれば良いか

相関係数がいくつ以上あれば、相関があるといえるかについて考えてみましょう。相関係数rの値が±1に近づくと相関関係が強くなり、反対に0に近づくと弱くなります。

rが0の場合のみ相関関係がありません。逆に、rがわずか0.1でも相関は弱いながらあるのです。

したがって大概の場合、強弱の違いはありますが2変数の間には、相関関係がみられます。このことから、大事なのは強い相関があるかどうかです。ところが、いくつ以上あれば相関が強いという基準はありません。この基準は、分析者が経験的な判断から決めることになります。筆者は、統計学を研究している経験に基づいて、次のように決めています。

$r \geqq 0.80$ ・・・・・・・・・・・・・・ 強い関連性がある
$0.50 \leqq r < 0.80$ ・・・・・・・・ 関連性がある
$0.30 \leqq r < 0.50$ ・・・・・・・・ 弱い関連性がある
$0 < r < 0.30$ ・・・・・・・・・・・・ 関連性がない

◆ Excelのデータ分析で相関係数を求める

例題2-1

次は△年△月における6営業所の売上額、広告費、営業担当者数、キャンペーン実施有無を示したものです。

このデータにおける変数相互の相関係数をExcelの［データ分析］で求めなさい。

キャンペーン実施有無はカテゴリーデータですが、2カテゴリーなので「有り」を「1」、「無し」を「0」として、数量データとして扱います。

	売上額	広告費	営業担当者数	キャンペーン実施有無
A	8	5	6	無し
B	9	5	8	有り
C	13	7	10	有り
D	11	5	11	無し
E	14	8	12	無し
F	17	12	13	有り

Excel 演習用データ.xlsx　シート名「売上額（1)」

解　答

例題2-1をExcelの［データ分析］（データ分析ツール）で行ってみます。

例題のデータは、株式会社アイスタットのホームページよりダウンロードできます。

ダウンロードの方法は、本書269ページをご参照ください。

❶「多変量解析演習用データ.xlsx」を開きます。

❷ シート名「売上額（1)」を選択します。

❸ Excelのメニューバー［データ］から［データ分析］を選択します。

❹ 下記画面で、［相関］を選択し、OK ボタンを押します。

◆図2.6
［相関］の選択

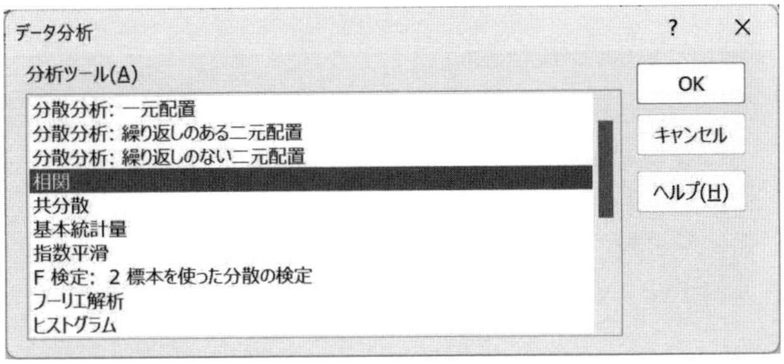

❺ 下記画面が表示されます。

◆図2.7
［相関］の指定
画面

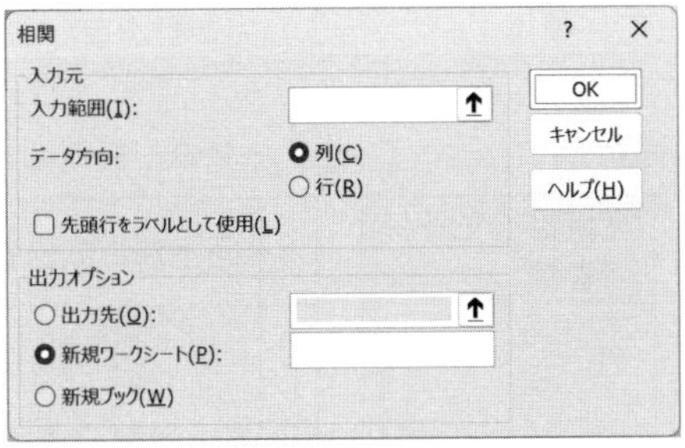

❻ 図2.8の画面どおりに指定を行ってください。

◆図2.8
入力方法

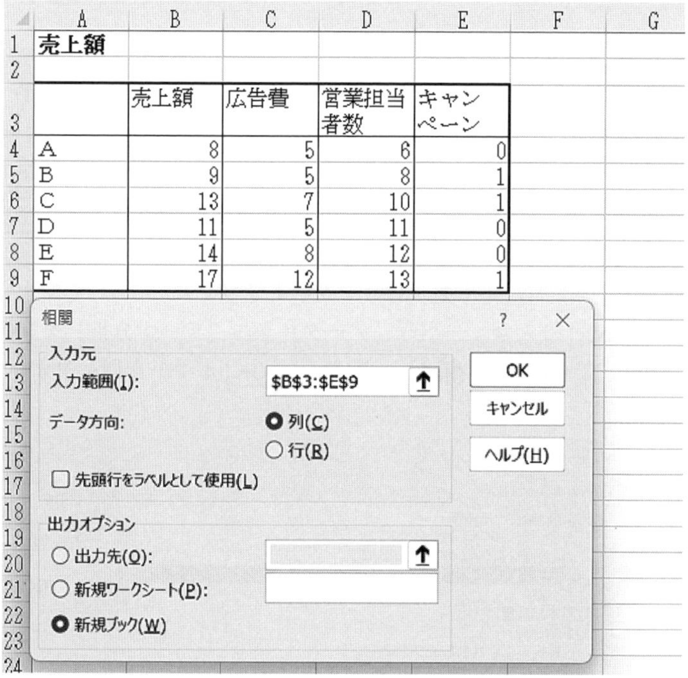

入力範囲

☑ 先頭行をラベルとして使用

↓

項目名とデータを範囲指定

	売上額	広告費	営業担当者数	キャンペーン
A	8	5	6	0
B	9	5	8	1
C	13	7	10	1
D	11	5	11	0
E	14	8	12	0
F	17	12	13	1

☐ 先頭行をラベルとして使用

↓

データのみを範囲指定

	売上額	広告費	営業担当者数	キャンペーン
A	8	5	6	0
B	9	5	8	1
C	13	7	10	1
D	11	5	11	0
E	14	8	12	0
F	17	12	13	1

データ方向

◉列（C）
○行（R）
↓ データの入力方向が縦

	売上額	広告費	営業担当者数	キャンペーン
A	8	5	6	0
B	9	5	8	1
C	13	7	10	1
D	11	5	11	0
E	14	8	12	0
F	17	12	13	1

○列（C）
◉行（R）
↓ データの入力方向が横

	A	B	C	D	E	F
売上額	8	9	13	11	14	17
広告費	5	5	7	5	8	12
営業担当者数	6	8	10	11	12	13
キャンペーン	0	1	1	0	0	1

出力オプション

結果を新規ブックに出力するので「新規ブック」にチェック（◉）してください。

出力結果

◆表2.11 出力結果

	売上額	広告費	営業担当者数	キャンペーン
売上額	1			
広告費	0.932143	1		
営業担当者数	0.916698	0.75116	1	
キャンペーン	0.327327	0.39736	0.140028	1

売上額との相関係数をみると、広告費は0.9321、営業担当者数は0.9167で非常に強い相関があるといえます。

これより、広告費や営業担当者数を多くすれば売上が増えることがわかりました。

留意点

＊変数相互の相関を上記表のようにまとめたものを、相関行列といいます。

＊表2.9において偏差平方和、積和を次の形式でまとめたものを偏差平方和積和行列といいます。

$$\begin{bmatrix} S_{xx} & S_{xy} \\ S_{yx} & S_{yy} \end{bmatrix} = \begin{bmatrix} 110 & 98 \\ 98 & 104 \end{bmatrix} \qquad \text{注：}(S_{xy}) = (S_{yx}) \qquad \cdot\cdot\cdot（式2.2）$$

＊積和をn（人数）あるいは$n-1$で割った値を共分散といいます。
＊分散、共分散を次の形式でまとめたものを分散共分散行列といいます。

$$\begin{bmatrix} V_{xx} & V_{xy} \\ V_{yx} & V_{yy} \end{bmatrix} = \frac{1}{n-1}\begin{bmatrix} S_{xx} & S_{xy} \\ S_{yx} & S_{yy} \end{bmatrix} = \frac{1}{9}\begin{bmatrix} 110 & 98 \\ 98 & 104 \end{bmatrix} = \begin{bmatrix} 12.2 & 10.9 \\ 10.9 & 11.6 \end{bmatrix} \quad \cdots（式2.3）$$

2.3 相関比

相関比は「数量データ」と「カテゴリーデータ」の関係を明らかにする統計手法です。次の表は年令と好きな商品を調べたアンケート結果です。

◆表2.12 年令と好きな商品を調べたアンケート結果

	年令（才）	好きな商品
1	29	A
2	32	A
3	35	A
4	36	A
5	38	B
6	40	B
7	41	B
8	43	B
9	48	B
10	20	C
11	22	C
12	24	C
13	29	C
14	35	C
15	38	C

上記データから年令の違いによって、商品の好みは異なるといえるかを調べることにします。このテーマに対する基本的分析方法は、好きな商品別の平均年令を算出することです（この平均値を**カテゴリー別平均**という）。

カテゴリー別平均値を求めてみます。平均値は次表のようにデータを並べかえることによって簡単に計算できます。

◆表2.13
商品別のデータ

A	B	C
29	38	20
32	40	22
35	41	24
36	43	29
	48	35
		38

◆表2.14
商品別平均年令

	A	B	C	計
合計	132	210	168	510
件数	4	5	6	15
平均	$\bar{X}_1 = 33$	$\bar{X}_2 = 42$	$\bar{X}_3 = 28$	$\bar{X} = 34$

カテゴリー別平均値をみると、商品別の平均年令に差がみられ、年令の違いによって商品の好みは異なるといえます。カテゴリー別平均値に差があるので、商品と年令には関連があるといえます。関連があるのはわかりましたが、関連の強弱まではわかりません。

そこで、年令と好きな商品の相関を求めることにします。もし、相関があれば、「年令の違いによって商品の好みに違いがある」ということがいえ、相関の値から「違い」の強弱がわかります。

ここでの相関は、年令は数量データ、好きな商品はカテゴリーデータなので相関比を用いることになります。

◆ 相関比の求め方

表2.13のデータをグラフで見ます。

◆図2.9
表2.13のデータのグラフ

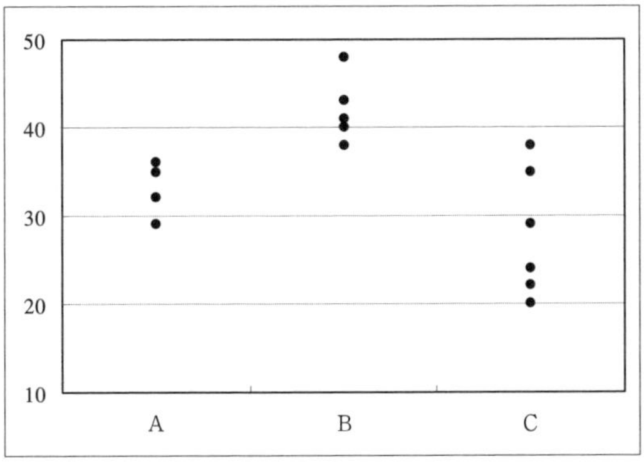

商品ごとの年令幅をみると、A商品志向グループは29～36才、B商品志向グループは38～48才、C商品志向グループは20～38才と年令幅に違いがみられます。

カテゴリー別平均値に大きな差があるほど、商品と年令は関連があると述べました。

図2.9では、年令幅に違いがあるとき関連があると考えます。それでは、年令幅がどのような時、最も関連が「ある」あるいは「ない」かを調べてみます。

図2.10のように、グループ内の年令のばらつきが**小さく**、年令幅が**重複しない**とき、商品と年令の関係は**強い**と考えます。

図2.11のように、グループ内の年令のばらつきが**大きく**、年令幅が**重複する**とき、商品と年令の関係は**弱い**と考えます。

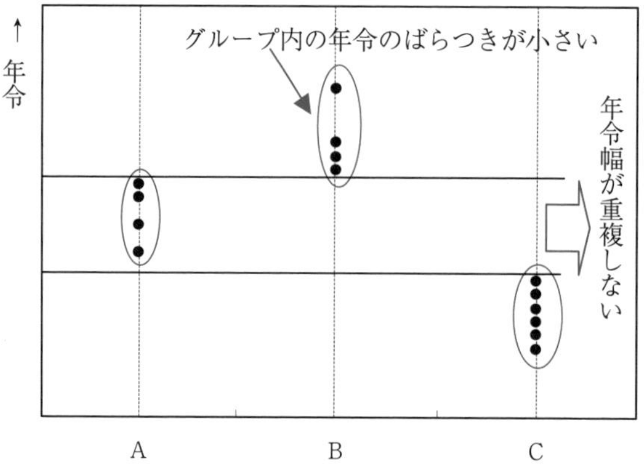

◆図2.10
商品と年令の関係が強い場合のグラフ

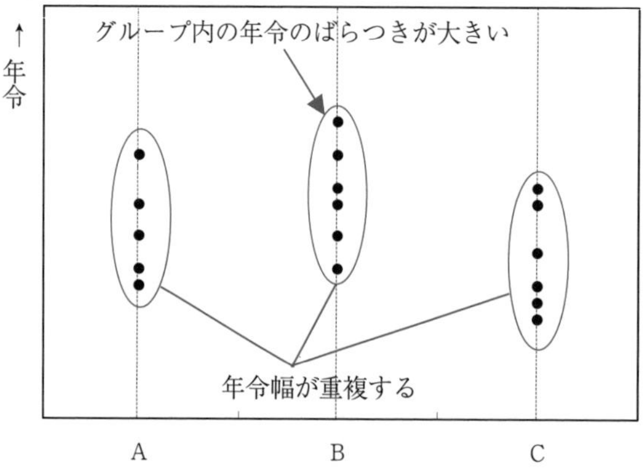

◆図2.11
商品と年令の関係が弱い場合のグラフ

◆ 級内変動

表2.13について、グループ内のばらつきを計算してみます。ばらつきは偏差平方和を用います。

◆表2.15 級内変動算出方法

	A			B			C		
	29	$(29\text{-}33)^2$	16	38	$(38\text{-}42)^2$	16	20	$(20\text{-}28)^2$	64
	32	$(32\text{-}33)^2$	1	40	$(40\text{-}42)^2$	4	22	$(22\text{-}28)^2$	36
	35	$(35\text{-}33)^2$	4	41	$(41\text{-}42)^2$	1	24	$(24\text{-}28)^2$	16
	36	$(36\text{-}33)^2$	9	43	$(43\text{-}42)^2$	1	29	$(29\text{-}28)^2$	1
				48	$(48\text{-}42)^2$	36	35	$(35\text{-}28)^2$	49
							38	$(38\text{-}28)^2$	100
合計	132		30 S_1	210		58 S_2	168		266 S_3
	（平均　33）			（平均　42）			（平均　28）		

3つの偏差平方和を合計したものを**級内変動**といい、S_Wで表します。

$$S_W = S_1 + S_2 + S_3 = 354 \quad \cdots（式2.4）$$

◆ 級間変動

グループの平均値を計算し、3つの平均のばらつきを算出します。年令幅が重複しないということは、3つの平均値のばらつきが大きいことを、逆に年令幅が重複するということは、3つの平均値のばらつきが小さいことを意味します。

◆図2.12 3つの平均値のばらつき

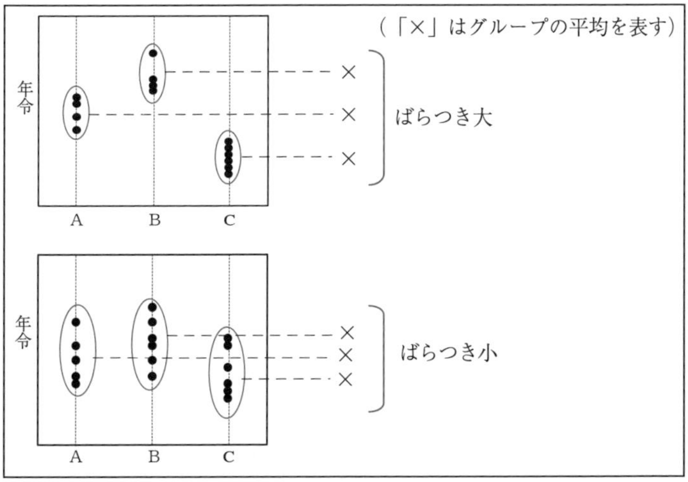

年令幅のばらつき、すなわちグループ間のばらつきは、各グループの平均値と全体平均との差から求められ、これを**級間変動**といい、S_Bで表します。

◆図2.13
全体平均とグループの平均

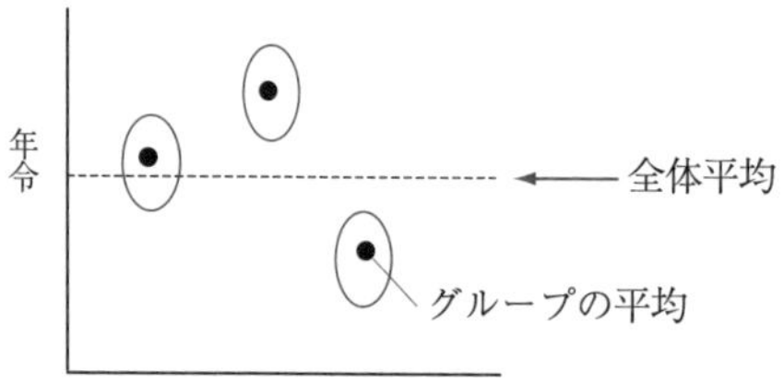

3グループの平均を$\bar{X}_1$、$\bar{X}_2$、$\bar{X}_3$、全体の平均値を$\bar{X}$とします。

3グループの人数をn_1、n_2、n_3とします。

このとき級間変動は、次に示すように個々の平均と全体平均値の偏差平方に各グループの人数を乗じて算出します。

$$S_B = n_1(\bar{X}_1 - \bar{X})^2 + n_2(\bar{X}_2 - \bar{X})^2 + n_3(\bar{X}_3 - \bar{X})^2$$

表2.14より

$$S_B = 4 \times (33 - 34)^2 + 5 \times (42 - 34)^2 + 6 \times (28 - 34)^2 = 4 \times 1 + 5 \times 64 + 6 \times 36 = 540 \quad \cdots (\text{式}2.5)$$

いままでの説明でわかるように、級内変動が小さく、級間変動が大きいとき関連があると判断します。

そこで、2つの変動合計に対する級間変動の割合を求めます。これを相関比といい、η^2（イータ2乗）で表します。

$$\eta^2 = \frac{S_B}{S_W + S_B} \quad \cdots (\text{式}2.6)$$

この式をみると、最も関連が強いとき、級内変動（S_W）は「0」、すなわちグループ内に属するデータが全て同じになり、η^2は「1」になります。

◆図2.14
最も関連が強いとき

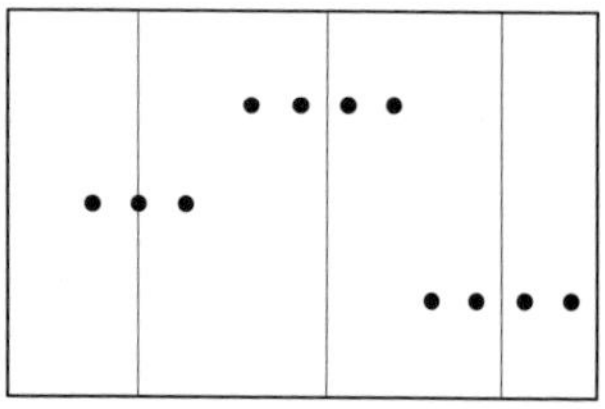

$$\eta^2 = \frac{S_B}{S_W + S_B} = \frac{S_B}{0 + S_B} = 1$$

逆に、最も関連が弱いとき、級間変動（S_B）は「0」、すなわちグループ平均が全て同じになり、η^2は「0」になります。

◆図2.15
最も関連が弱いとき

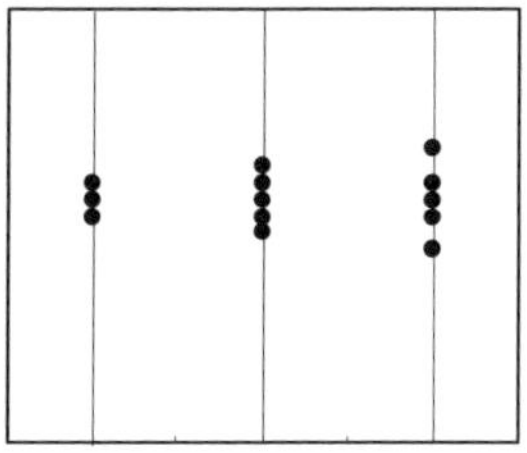

$$\eta^2 = \frac{S_B}{S_W + S_B} = \frac{0}{S_W + 0} = 1$$

ここで、表2.12の全体の偏差平方和を求めてみます。全体の平均値（$\bar{X} = 34$）より、次の表のようになります。

◆表2.16
年令の偏差平方和

No.	年令	偏差	偏差平方
1	29	−5	25
2	32	−2	4
3	35	1	1
4	36	2	4
5	38	4	16
6	40	6	36
7	41	7	49
8	43	9	81
9	48	14	196
10	20	−14	196
11	22	−12	144
12	24	−10	100
13	29	−5	25
14	35	1	1
15	38	4	16
		偏差平方和S	894

偏差平方和Sは894となります。（式2.4）より得られたS_Wは354、（式2.5）より求められたS_Bは540です。これらを加えるとSに一致します。

$$S = S_W + S_B \qquad \cdot\cdot\cdot（式2.7）$$

この例だけでなく実際にはどんな場合も一致します。したがって相関比η^2は、次の公式で表すことができます。

公　式　**相関比**

$$\eta^2 = \frac{S_B}{S} \qquad \eta^2 = \frac{S - S_W}{S} = 1 - \frac{S_B}{S} \qquad \cdot\cdot\cdot（式2.8）$$

表2.12の相関比を求めると次のようになります。

$$\eta^2 = 1 - \frac{354}{894} = 1 - 0.3960 = 0.6040$$

留意点

図2.9の散布図を見てください。直線的関係はみられませんが、このグラフの相関は0.6040となりました。

相関比は「直線的関係をみる単相関係数」とは異なることを理解してください。

◆ 相関比はいくつ以上あれば良いか

相関比は0から1の間をとり、1に近づくほど、2変数は相関関係があることがわかりました。

それでは、η^2（相関比）が、いくつ以上あれば相関関係があるといえるのでしょうか。

単相関係数同様、基準はありません。筆者は次のように定めています。

$\eta^2 \geqq 0.50$ ･････････････ 強い関連性がある
$0.25 \leqq \eta^2 < 0.50$ ･･････ 関連性がある
$0.10 \leqq \eta^2 < 0.25$ ･･････ 弱い関連性がある
$0 < \eta^2 < 0.10$ ･･････････ 関連性がない

Excelの機能で計算するのは大変手間なので、相関比、次項で解説するクラメール連関係数の計算は株式会社アイスタット作成のソフトウェアを適用して行います。

ソフトウェアのダウンロード方法は、本書269ページをご参照ください。

2.4 クラメール連関係数

クラメール連関係数はカテゴリーデータとカテゴリーデータとの関連をみる統計手法です。

> **注** クラメール連関係数はクラメールのV、独立係数などいろいろな名称で呼ばれています。

次の表は、ある中学校で、今年のクリスマスでゲーム機を購入してもらう予定があるかを調べたアンケート結果です。

◆表2.17 ゲーム機の購入に関するアンケート結果

	中学学年別	ゲーム機購入予定
A	1年	ある
B	1年	ある
C	1年	ない
D	2年	ある
E	2年	ある
F	2年	ある
G	2年	ない
H	3年	ある
I	3年	ない
J	3年	ない

データを並べ替えて、次の表にまとめます。

◆表2.18 学年別購入予定有無別のデータ

	ある	ない
中1	A君、B君	C君
中2	D君、E君、F君	G君
中3	H君	I君、J君

⬇ 人数を数えてみます。

◆表2.19 学年別購入予定有無別の人数

	ある	ない
中1	2	1
中2	3	1
中3	1	2

> **注** 2つの項目をクロスさせて作表すること（ここでは人数を数えています）を**クロス集計**といいます。

縦計・横計を算出してみます。

◆表2.20
人数表

	ある	ない	横計
中1	2	1	3
中2	3	1	4
中3	1	2	3
縦計	6	4	10

学年ごとに、「ある」「ない」の横計に占める割合（%）を計算してみます。

◆表2.21
%表

	ある	ない	横計
中1	67	33	100
中2	75	25	100
中3	33	67	100
縦計	60	40	100

この表をみると、中1、中2で「ある」、中3で「ない」の割合が大きいことがわかります。このように違いがあるとき、学年とゲーム機購入予定とは関係があると考えます。

◆ クラメール連関係数の求め方

関係の度合いをクラメール連関係数で表すことができます。

クラメール連関係数の求め方を説明します。

学年とゲーム機購入予定に関係がないときは、各セルの人数はどのような時かと調べてみます。

①各学年における「ある」「ない」の割合は縦計と同じ

②「ある」「ない」における中1、中2、中3の割合は横計と同じ

◆表2.22
各学年における「ある」「ない」の割合

(%)

	ある	ない	横計
中1	60	40	100
中2	60	40	100
中3	60	40	100
縦計	60	40	100

↑

6人　4人

◆表2.23
「ある」「ない」における中1、中2、中3の割合

(%)

	ある	ない	横計
中1	30	30	30
中2	40	40	40
中3	30	30	30
縦計	100	100	100

← 3人 4人 3人

①②の条件を満たす人数は、縦計の人数と横計の人数を掛け、全人数で割ることによって求められます。

◆表2.24
表2.22と
表2.23を満たす人数

	ある	ない
中1	(「ある」縦計) × (「中1」横計) ÷全数 6 × 3 ÷ 10	(「ない」縦計) × (「中1」横計) ÷全数 4 × 3 ÷ 10
中2	(「ある」縦計) × (「中2」横計) ÷全数 6 × 4 ÷ 10	(「ない」縦計) × (「中2」横計) ÷全数 4 × 4 ÷ 10
中3	(「ある」縦計) × (「中3」横計) ÷全数 6 × 3 ÷ 10	(「ない」縦計) × (「中3」横計) ÷全数 4 × 3 ÷ 10

上記表の計算値を表にまとめ、横計、縦計を求めます。縦計、横計は表2.20の縦計、横計に一致します。

◆表2.25
上記表の計算結果

	ある	ない	横計
中1	1.8	1.2	3
中2	2.4	1.6	4
中3	1.8	1.2	3
縦計	6.0	4.0	10

表2.25に横%、縦%を算出し、表2.22となるかをチェックしたところ、確かに一致しました。

◆表2.26
表2.25の横%と縦%

横（%）

	ある	ない	横計
中1	60	40	100
中2	60	40	100
中3	60	40	100
縦計	60	40	100

縦（%）

	ある	ない	横計
中1	30	30	30
中2	40	40	40
中3	30	30	30
縦計	100	100	100

表2.25の人数のことを期待度数といいます。これに対し、表2.20の人数を実測度数といいます。

実測度数が期待度数と一致していれば関連がなく、一致していなければ関係があると考えます。

一致度を調べるために、個々のセル（ますめ）ごとに次の計算をします。

$$\frac{(\text{実測度数}-\text{期待度数})^2}{\text{期待度数}} \quad \cdots（式2.9）$$

◆表2.27
計算結果

	ある	ない
中1	$\frac{(2-1.8)^2}{1.8}$	$\frac{(1-1.2)^2}{1.2}$
中2	$\frac{(3-2.4)^2}{2.4}$	$\frac{(1-1.6)^2}{1.6}$
中3	$\frac{(1-1.8)^2}{1.8}$	$\frac{(2-1.2)^2}{1.2}$

	ある	ない
中1	0.022	0.033
中2	0.150	0.225
中3	0.356	0.533

全セルの合計を計算します。

$$0.022+0.033+0.150+0.225+0.356+0.533=1.319 \quad \cdots（式2.10）$$

この合計値をχ^2（**カイ自乗**）といいます。

χ^2値が大きいほど2つの変数は関係が強いといえます。

ここで、表2.20が、次に示すような、かたよった結果になった場合のχ^2を求めてみます。

◆図2.16
関連が最も強い場合のχ^2

学年によって「ある」「ない」の人数がきれいに分かれる場合

↓

関連が最も強い

	ある	ない	計
中1	0	3	3
中2	4	0	4
中3	0	3	3
計	4	6	10

↓

◆図2.17
関連が全くない場合のχ^2

学年によって「ある」「ない」の人数が同じ場合

↓

関連が全くない

	ある	ない	計
中1	1	1	2
中2	3	3	6
中3	1	1	2
計	5	5	10

↓

期待度数

	ある	ない
中1	1.2	1.8
中2	1.6	2.4
中3	1.2	1.8

↓

	ある	ない
中1	$\frac{(0-1.2)^2}{1.2}$	$\frac{(3-1.8)^2}{1.8}$
中2	$\frac{(4-1.6)^2}{1.6}$	$\frac{(0-2.4)^2}{2.4}$
中3	$\frac{(0-1.2)^2}{1.2}$	$\frac{(3-1.8)^2}{1.8}$

↓

	ある	ない
中1	1.2	0.8
中2	3.6	2.4
中3	1.2	0.8

↓

χ^2… 計　10

↓

このように関連が最も強いときの合計は$n\times(k-1)$となります（下記 **注** 参照）。

期待度数

	ある	ない
中1	1.0	1.0
中2	3.0	3.0
中3	1.0	1.0

↓

	ある	ない
中1	$\frac{(0-1.2)^2}{1.2}$	$\frac{(3-1.8)^2}{1.8}$
中2	$\frac{(4-1.6)^2}{1.6}$	$\frac{(0-2.4)^2}{2.4}$
中3	$\frac{(0-1.2)^2}{1.2}$	$\frac{(3-1.8)^2}{1.8}$

↓

	ある	ない
中1	0	0
中2	0	0
中3	0	0

↓

χ^2… 計　0

↓

このように、関連が全くない場合の合計は0になることがわかっています。

注 ただし、nは全人数、kは小さいほうのカテゴリー数です。

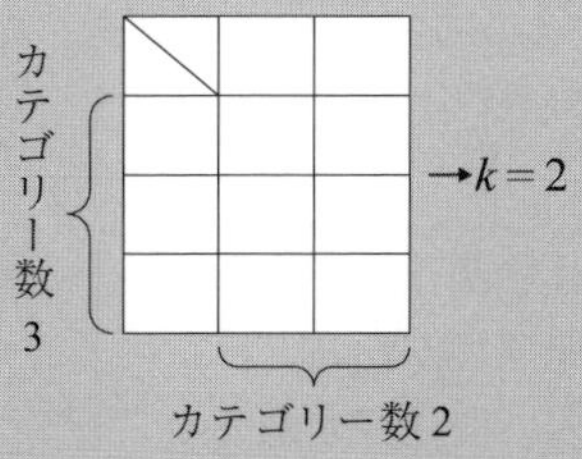

$$n(k-1)=10\times(2-1)=10$$

これらのことから、クラメール連関係数を次のように定義します。

公　式　**クラメール連関係数**

$$r_c = \sqrt{\frac{\chi^2}{n(k-1)}} \quad \cdots（式2.11）$$

最も関連が強いときのクラメール連関係数は　$\chi^2 = 10 \quad n(k-1) = 10$

$$r_c = \sqrt{\frac{\chi^2}{n(k-1)}} = \sqrt{\frac{10}{10}} = 1$$

最も関連が弱いときのクラメール連関係数は　$\chi^2 = 0 \quad n(k-1) = 10$

$$r_c = \sqrt{\frac{\chi^2}{n(k-1)}} = \sqrt{\frac{0}{10}} = 1$$

この場合、クラメール連関係数は0～1の間の値をとり、マイナスの値になることはありません。

表2.17の r_c を求めてみます。

（式2.10）より　$\chi^2 = 1.319$

41ページより　$n = 10 \quad k = 2$

$$r_c = \sqrt{\frac{\chi^2}{n(k-1)}} = \sqrt{\frac{1.319}{10}} = 0.363$$

◆ クラメール連関係数はいくつ以上あれば良いか

r_c がいくつ以上あれば良いかという基準はありません。

見た目は関連がありそうでもあまり高くなりませんので、筆者は経験的に次のように定めています。

$r_c \geqq 0.50$ ・・・・・・・・・・・・・	強い関連性がある
$0.25 \leqq r_c < 0.50$ ・・・・・・・・	関連性がある
$0.10 \leqq r_c < 0.25$ ・・・・・・・・	弱い関連性がある
$0 < r_c < 0.10$ ・・・・・・・・・・・	関連性がない

第2章

2.5 相関分析のまとめ

相関分析は2変数間の関係を分析する手法です。

相関分析は3つの統計手法がありますが、データ形態によって手法の使い分けを行います。

「数量データ」と「数量データ」の相関分析

基本分析　相関図

相関係数　単相関係数（r）

$r \geqq 0.80$ ………強い関連性がある

$0.50 \leqq r < 0.80$ ‥‥関連性がある

$0.30 \leqq r < 0.50$ ‥‥弱い関連性がある

$0 < r < 0.30$ ……関連性がない

「数量データ」と「カテゴリーデータ」の相関分析

基本分析　カテゴリー別平均

相関係数　相関比（η^2）

$\eta^2 \geqq 0.50$ ………強い関連性がある

$0.25 \leqq \eta^2 < 0.50$ …関連性がある

$0.10 \leqq \eta^2 < 0.25$ …弱い関連性がある

$0 < \eta^2 < 0.10$ ……関連性がない

「カテゴリーデータ」と「カテゴリーデータ」の相関分析

基本分析　クロス集計

相関係数　クラメール連関係数（r_c）

$r_c \geqq 0.50$ ………強い関連性がある

$0.25 \leqq r_c < 0.50$ …関連性がある

$0.10 \leqq r_c < 0.25$ …弱い関連性がある

$0 < r_c < 0.10$ ……関連性がない

例題2-2

表2.1は△△年のプロ野球において、一軍で50試合以上出場した選手の打率、100 m走、視力、血液型、甲子園出場経験を調べたものです。
データ分析を行い、以下のことを明らかにしなさい。

問1　平均打率、打率の分布を明らかにしなさい。

問2　打率と諸要因との相関分析を行い、打率の高低に寄与する要因が何かを明らかにしなさい。

Excel　多変量解析演習用データ　シート名「プロ野球」※Webからダウンロード

解　答

問1　最も低い打率の選手は0.152、高い打率は0.400、平均打率は0.256となりました。打率の分布を作成すると、打率は正規分布に近い形で従うことがわかりました。

◆表2.28 統計量

人数	100
平均	0.256
標準偏差	0.065
最大値	0.400
最小値	0.152

◆図2.18 ヒストグラム

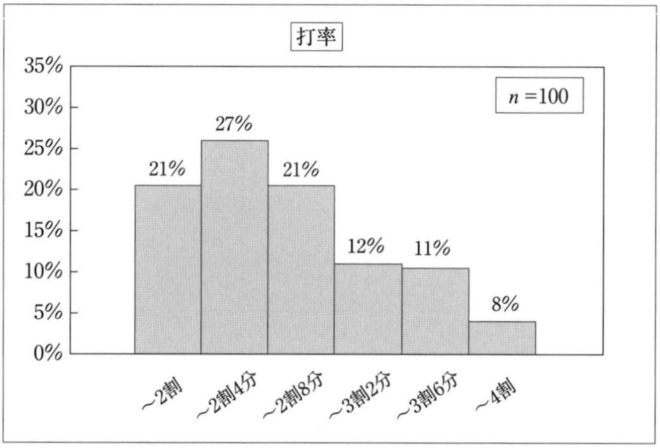

問2　甲子園出場経験はカテゴリーデータですが、カテゴリー数が「2」なので、数量データとして扱いました。「有り」は「1」、「無し」は「0」に変換。

打率と「100 m走」「視力」「甲子園出場」との相関を単相関係数を用いて算出しました。「100 m走」「視力」は0.5以上の値となり打率へ寄与する要因であることがわかりました。

この結果、足の速い選手ほど、目の良い選手ほど打率が上がる傾向があることがわかりました。

打率と甲子園出場経験との相関は－0.1073と低く、甲子園出場有無によって打率に違いがあるとはいえません。

◆図2.19 相関図、相関係数

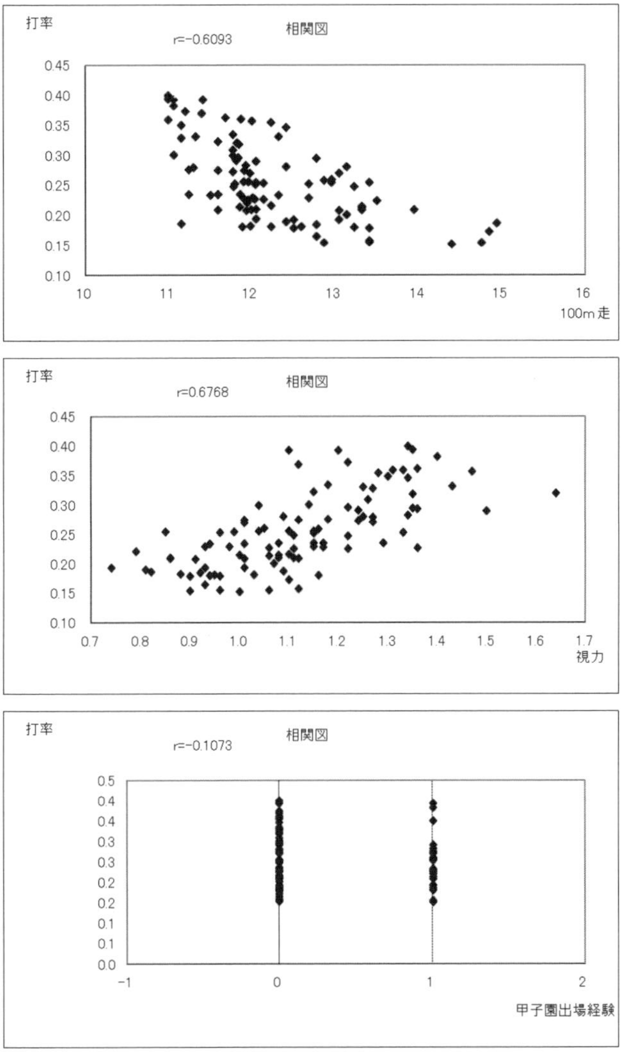

Excel分析ツールより算出

	打率	100m走	視力	甲子園出場経験
打率	1			
100m走	－0.6093	1		
視力	0.6768	－0.3026	1	
甲子園出場経験	－0.1073	－0.0197	－0.0812	1

打率と血液型の相関比を計算すると0.028と低く、ある特定の血液型によって打率が高い（低い）といったことはないことがわかりました。

打率、100m走、視力の数量データを次のようにカテゴリーデータにしました。

◆表2.29 打率、100m走、視力のカテゴリー名

打率	2割5分以下 3割以下 4割以下
100m走	11.9秒以下 12.9秒以下 14.9秒以下
視力	1.0以下 1.2以下 それ以上

カテゴリーデータにした打率と100m走、視力、血液型、甲子園出場経験とのクロス集計を行いました。クロス集計を用いクラメール連関係数を算出しました。

クロス集計において「4割以下」の比率をみると、100m走では「11.9秒以下」が44%、視力は「それ以上」が53%と高い比率を示しました。血液型では顕著に高い値を示した血液型はありませんでした。

甲子園出場では「出場」より「未出場」で高い値となりましたが、100m走や視力で見られたような属性間の差はありませんでした。

これによりクラメール連関係数も、血液型と甲子園出場は0.170と0.192と低い相関となりました。

◆図2.20
クロス集計
帯グラフ

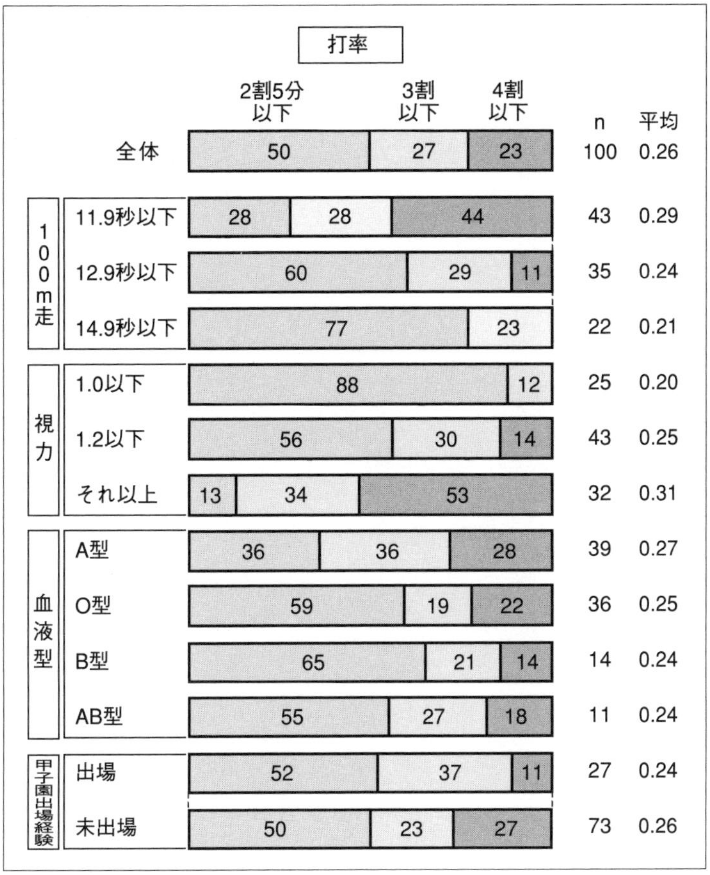

◆表2.30
クラメール
連関係数

クロス集計No.	上段：表側 下段：表頭 項目名	n	統計量	自由度	p値	判定	クラメール連関係数
1	100 m走 打率	100	23.853	4	0.000	[**]	0.345
2	視力 打率	100	39.311	4	0.000	[**]	0.443
3	血液型 打率	100	5.776	6	0.449	[ ]	0.170
4	甲子園出場経験 打率	100	3.678	2	0.159	[ ]	0.192

第3章

直線回帰分析

3.1 関数関係

1時間につき60 kmの速さで走る自動車を例とします。この自動車は2時間で120 km、3時間では180 km、4時間では240 km走ることになります。ここで、走る時間をx軸（横軸）、その間に走った距離をy軸（縦軸）にとり、グラフを描いてみると図3.1に示すような直線になります。

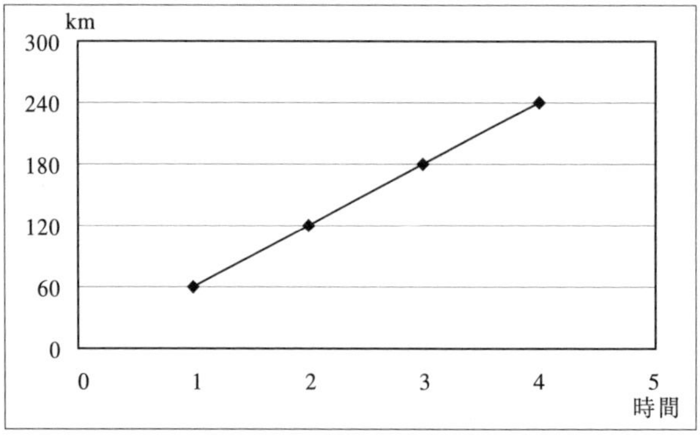

◆図3.1 走行した時間と距離の関係

走った時間（x）と、その間に走った距離（y）との関係を式で表すと、

$$y = 60x \qquad ・・・（式3.1）$$

となります。例えば、10時間で何km走るか計算するには、xの値に10を代入すれば距離を求めることができます。実際に計算すると、$y = 60 \times 10 = 600$ kmです。

このように、xの値が決まればそれに応じて、yの値が決まるというとき、「xとyの間には関数関係がある」といいます。とくに、xとyの間に次式のような関係が成り立つとき、「yはxの一次関数である」といいます。

$$y = ax + b \qquad ・・・（式3.2）$$

一次関数の関係をグラフに表すと図3.2のような直線になります。a、bは定数で、aは直線の傾きを、bは直線が軸と交わる座標の値を示しています。

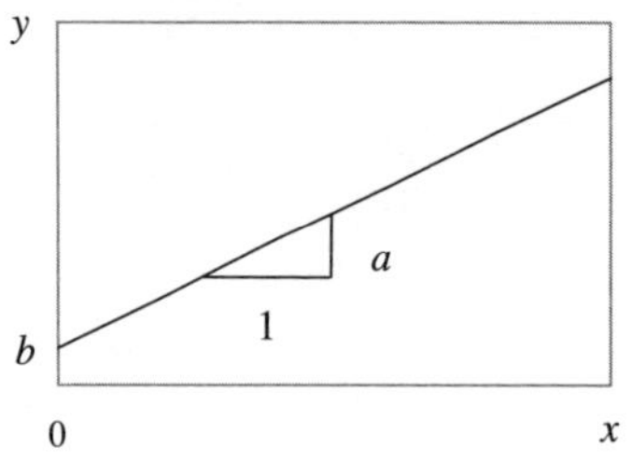

◆図3.2 一次関数

3.2 相関関係

図3.3は、5つの営業所の売上と営業担当者数の関係を相関図で見たものです。この図において、営業担当者数が決まれば売上がぴったり決まるという関係はみられません。その意味で売上と営業担当者数の関係を、関数式で表すことはできません。しかし、営業担当者数が大であれば売上も大である、という傾向をみることはでき、売上と営業担当者数は全く無関係であるともいえません。

◆図3.3
営業所の売上と営業担当者数の関係

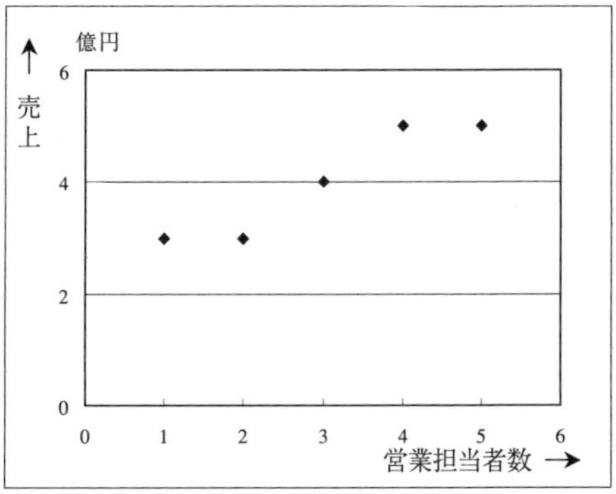

このような2つの変数xとyについて、xの値が決まればyの値が決まるというわけではありませんが、両者の間に何らかの関係がみられるとき、「xとyの間には**相関関係**がある」といいます。

3.3 回帰分析とはなにか

図3.3において、xとyの間に何らかの関係がみられるとき、適当な直線を決めてあげれば、xの値に対してのyの平均的な値を推定することができます。このように直線を当てはめることを、「**関数式の当てはめ**」といいます。そして、関数式を当てはめる統計的手法を**回帰分析**といいます。そして、直線式の当てはめを行う方法を**直線回帰**といい、求められた直線式を**直線回帰式**といいます。

上記の図は次の売上と営業担当者数のデータを、縦軸（y）に売上、横軸（x）に営業担当者数をとり、プロットした相関図です。

◆表3.1
売上と営業担当者数のデータ

営業所	売上（億円）	営業担当者数（人）
A	3	1
B	3	2
C	4	3
D	5	4
E	5	5

この5つの点にはいろいろな直線を当てはめられます。ここでは図に示すような直線を当てはめたとします。

◆図3.4
直線の当てはめ

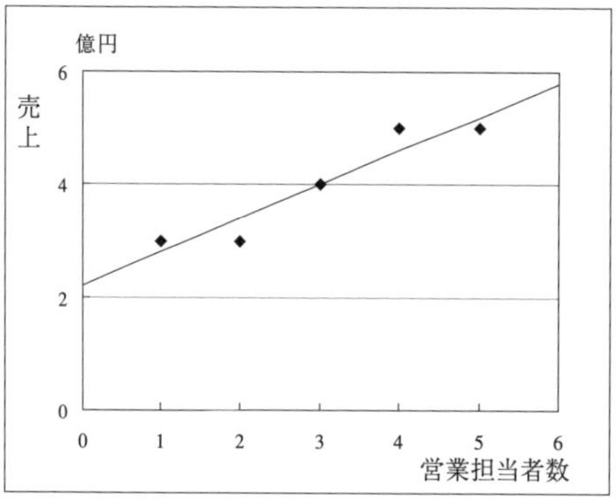

この直線は次の式によって表せます。

$y = 0.6x + 2.2$　　　・・・（式3.3）

3.4 直線回帰式算出の考え方

（式3.3）の直線回帰式は、どのようにして求めたのでしょうか。

（式3.3）の式に表3.1の営業担当者数を代入し、各営業所のyの値を求めます。回帰分析では、求められたyの値を理論値といいます。

A営業所は　$0.6 \times 1 + 2.2 = 2.8$
B営業所は　$0.6 \times 2 + 2.2 = 3.4$
C営業所は　$0.6 \times 3 + 2.2 = 4.0$
D営業所は　$0.6 \times 4 + 2.2 = 4.6$
E営業所は　$0.6 \times 5 + 2.2 = 5.2$

A～E営業所の営業担当者数、売上、理論値を表3.2にまとめます。

営業担当者数を横軸、売上と理論値を縦軸にとり、点グラフを作成し、売上と理論値を直線で結びます。

◆表3.2 売上と理論値

営業所	営業担当者数	売上	理論値
A	1	3	2.8
B	2	3	3.4
C	3	4	4.0
D	4	5	4.6
E	5	5	5.2

◆図3.5 売上と理論値の関係

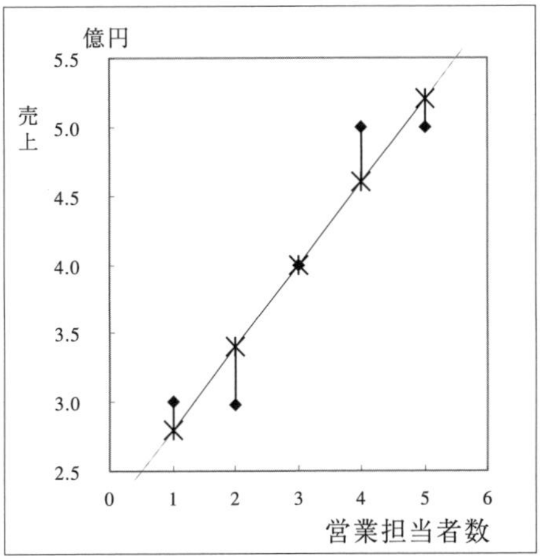

売上と理論値との差（図3.5における縦の直線）を求めます。この差を残差といいます。残差の平方（2乗）を計算し、「残差の平方」を合計します。

◆表3.3 残差平方和の計算方法

営業所	売上	理論値	残差	残差平方
A	3	2.8	0.2	0.04
B	3	3.4	−0.4	0.16
C	4	4.0	0.0	0.00
D	5	4.6	0.4	0.16
E	5	5.2	−0.2	0.04
計	20	20.0	0	0.40 ← S_e

この値0.4を残差平方和といい、S_eで表します。S_eが小さい直線式ほど、当てはまりが良い直線と考えます。

次の図における残差平方和を求めてみます。

◆図3.6
残差平方和が大きくなる場合の例

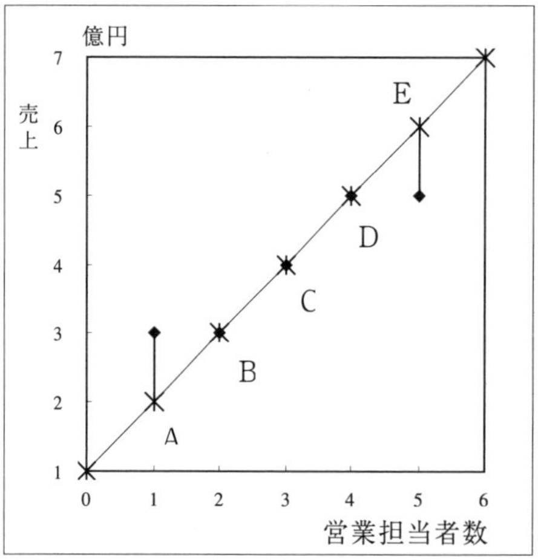

◆表3.4
上記例の残差平方和

営業所	売上	直線上の値	残差	残差平方
A	3	2	1	1
B	3	3	0	0
C	4	4	0	0
D	5	5	0	0
E	5	6	−1	1
計	20	20	0	2

残差平方和は2となります。

売上と理論値は、B、C、Dの営業所で一致していますが、AとEの差が大きいことから、残差平方和は表3.3で求めた残差平方和0.4より大きい値となっています。

残差平方和が最も小さくなる直線回帰式は、次の公式によって求められることを統計の専門家が考えました（算出方法の詳細は付録　付-2をご覧ください）。

公　式　**直線回帰式**

$$y = ax + b \qquad a = \frac{S_{xy}}{S_{xx}} \qquad b = \bar{y} - a\bar{x}$$ ・・・（式3.4）

ただしS_{xy}は積和、S_{xx}は変数xの偏差平方和（第1章1.3◆**分散**参照）
$\bar{y}$は変数yの平均、$\bar{x}$は変数xの平均

3.5 直線回帰式算出の計算手順

それでは次のデータについて、直線式を求めてみます。

◆表3.5 営業所のデータ

営業所	売上（億円）	営業担当者数（人）
A	3	1
B	3	2
C	4	3
D	5	4
E	5	5

次の手順によって計算します。

① yの平均を求める。yの平均を$\bar{y}$とする。

② xの平均を求める。xの平均を$\bar{x}$とする。

③ yの個々のデータから平均$\bar{y}$を引く。

④ xの個々のデータから平均$\bar{x}$を引く。

⑤ ③の2乗を求める。

⑥ ④の2乗を求める。

⑦ ③と④を掛ける。

⑧ ⑤の合計を求める。合計をS_{yy}とする。S_{yy}をyの偏差平方和といいます。

⑨ ⑥の合計を求める。合計をS_{xx}とする。S_{xx}をxの偏差平方和といいます。

⑩ ⑦の合計を求める。合計をS_{xy}とする。S_{xy}を積和といいます。

◆表3.6 計算手順

	y_i ①	x_i ②	$y_i-\bar{y}$ ③	$x_i-\bar{x}$ ④	$(y_i-\bar{y})^2$ ⑤	$(x_i-\bar{x})^2$ ⑥	$(y_i-\bar{y})\times(x_i-\bar{x})$ ⑦
1	3	1	−1	−2	1	4	2
2	3	2	−1	−1	1	1	1
3	4	3	0	0	0	0	0
4	5	4	1	1	1	1	1
5	5	5	1	2	1	4	2
計	20	15	0	0	⑧ 4 S_{yy}	⑨ 10 S_{xx}	⑩ 6 S_{xy}

↑ yの偏差平方和　↑ xの偏差平方和　↑ 積和

平均　① $\bar{y}=4$　② $\bar{x}=3$

結果を公式に代入します。

$$a=\frac{S_{xy}}{S_{xx}}=\frac{6}{10}=0.6 \qquad b=\bar{y}-a\bar{x}=4-0.6\times3=2.2$$

これより　$y=0.6x+2.2$

（式3.3）の直線が最も当てはまりの良い直線であることがわかりました。

3.6 決定係数

表3.3における残差平方和は0.4となりました。S_eが小さければ小さいほど、直線式の当てはまりは良くなります。当てはまりが良いことを、直線回帰の精度が良いといいます。

◆図3.7 当てはまり具合が良い場合、悪い場合の例

当てはまり具合が最も良い場合

全ての営業所において理論値＝売上

	売上	理論値	残差平方
A	3	3	0
B	3	3	0
C	4	4	0
D	5	5	0
E	5	5	0
			$S_e=0$

最も良い　：$S_e=0$

$$\frac{S_e}{S_{yy}}=0$$

$1-\dfrac{S_e}{S_{yy}}=1$　最も良いとき「1」になる

当てはまり具合が最も悪い場合

全ての営業所において理論値＝yの平均

	売上	理論値	残差平方
A	3	4	1
B	3	4	1
C	4	4	0
D	5	4	1
E	5	4	1
			$S_e=4$

・$S_e=4$は表3.7の偏差平方和S_{yy}に一致

最も悪い　：$S_e=S_{yy}$

$$\frac{S_e}{S_{yy}}=1$$

$1-\dfrac{S_e}{S_{yy}}=0$　最も悪いとき「0」になる

これより、当てはまり具合の良し悪しを調べる公式を決定係数といい、次のように定めます。

公　式　**決定係数**

$$R^2 = 1 - \frac{S_e}{S_{yy}} \quad \cdots(式3.5)$$

（ただし、S_eは残差平方和、S_{yy}は変数yの偏差平方和）
R^2は0から1までの値となります。

表3.5に$y=0.6x+2.2$を当てはめたときの決定係数を求めてみます。

$$R^2 = 1 - \frac{S_e}{S_{yy}} = 1 - \frac{0.4}{4} = 0.9$$

※ S_eは表3.3、S_{yy}は表3.6参照。

決定係数R^2は直線回帰の当てはまりの精度をみる尺度として用い、R^2の値から次のように筆者は判断します。

R^2の値	精度
0.8以上	非常に良い
0.5以上	良い
0.25以上	やや良い
0.25未満	良くない

3.7 理論値の区間推定

身長と体重の関係において、身長が○○ cmの人の平均的な体重を推定する場合、××kg～△△kgの間にあるという幅を持たせた推定を行うことがあります。例えば、成人男子の身長が165 cmの体重は55 kg～65 kgにあるという推定です。この範囲から上に外れる人は太りすぎ、下に外れる人は痩せすぎと判断します。このような推定方法を、理論値の区間推定といいます。

公　式

回帰分析より求められたi番目の人の理論値y_i
i番目の人の変数xのデータをx_i

n　データ数
$\bar{x}$　変数xの平均
S_{xx}　変数xの偏差平方和
V_e　$S_e/(n-2)$　　ただしS_eは残差平方和、V_eを不偏分散という

i番目の人における理論値の標準偏差　$S_i=\sqrt{V_e\left(\frac{1}{n}+\frac{(x_i-\bar{x})^2}{S_{xx}}\right)}$

t　自由度$n-2$におけるt分布の上側確率$\alpha/2$における横軸の値

$t=t(n-2,\alpha/2)$

理論値の区間推定　$y_i\pm t\times S_i$　・・・（式3.6）

例題3-1

次はある小学校の男子生徒の身長と体重を示したものです。

体重をy、身長をxとして、直線回帰式を求め、各人の理論値および理論値の区間推定を行いなさい。

	体重y	身長x
A	45	146
B	46	145
C	47	147
D	49	149
E	48	151
F	51	149
G	52	151
H	53	154
I	54	153
J	55	155

解　答

◆表3.7
回帰式の計算手順

	y	x	$y-\bar{y}$	$x-\bar{x}$	$(y-\bar{y})^2$	$(x-\bar{x})^2$	$(y-\bar{y})\times(x-\bar{x})$
A	45	146	−5	−4	25	16	20
B	46	145	−4	−5	16	25	20
C	47	147	−3	−3	9	9	9
D	49	149	−1	−1	1	1	1
E	48	151	−2	1	4	1	−2
F	51	149	1	−1	1	1	−1
G	52	151	2	1	4	1	2
H	53	154	3	4	9	16	12
I	54	153	4	3	16	9	12
J	55	155	5	5	25	25	25
計	500	1500	0	0	110	104	98
平均	50	150			S_{yy}	S_{xx}	S_{xy}
	$\bar{y}$	$\bar{x}$					

$$a=\frac{S_{xy}}{S_{xx}}=\frac{98}{104}=0.9423$$

$$b=\bar{y}-a\bar{x}=50-0.9423\times150=-91.346$$

$$y=0.9423x-91.346$$

◆1　理論値の計算方法

A君について、理論値の計算方法を示します。

$$y = 0.9423 \times 146 - 91.346 = 46.2$$

残差は、体重のデータから理論値を引いた値。残差平方は残差の2乗です。

◆表3.8
理論値

	体重	理論値	残差	残差平方
A	45	46.2	−1.2	1.5148
B	46	45.3	0.7	0.5063
C	47	47.2	−0.2	0.0300
D	49	49.1	−0.1	0.0033
E	48	50.9	−2.9	8.6572
F	51	49.1	1.9	3.7726
G	52	50.9	1.1	1.1187
H	53	53.8	−0.8	0.5917
I	54	52.8	1.2	1.3761
J	55	54.7	0.3	0.0832
				17.6538 ← S_e 残差平方和

◆2　理論値の区間推定

$$V_e = S_e / (n-2) = 17.6538 \div (10-2) = 2.2067$$

$$t = t(n-2, \alpha/2) = t(8, 0.025) = 2.306$$

Excelの関数で求められます。シート上のセルに次を入力しエンターキーを押します。

=TINV(0.05,　8)

8：$n-2$の値

0.05：αの値、一般的に0.05を用いる

$$S_i = \sqrt{V_e\left(\frac{1}{n} + \frac{(x_i - \bar{x})^2}{S_{xx}}\right)}$$

$$= \sqrt{2.2067 \times \left(\frac{1}{10} + \frac{(x_i - 150)^2}{104}\right)} \quad \cdots（式3.7）$$

A君　$S_i = \sqrt{2.2067 \times \left(\frac{1}{10} + \frac{(146-150)^2}{104}\right)} = 0.748$

$t \times S_i = 2.306 \times 0.748 = 1.726$

下限値　$46.2 - 1.726 = 44.5$

上限値　$46.2 + 1.726 = 48.0$

◆表3.9 理論値の区間推定

	理論値	S_i	$t \times S_i$	下限値	上限値	体重
A	46.2	0.748	1.726	44.5	48.0	45
B	45.3	0.867	1.999	43.3	47.3	46
C	47.2	0.642	1.480	45.7	48.7	47
D	49.1	0.492	1.134	47.9	50.2	49
E	50.9	0.492	1.134	49.8	52.1	48
F	49.1	0.492	1.134	47.9	50.2	51
G	50.9	0.492	1.134	49.8	52.1	52
H	53.8	0.748	1.726	52.0	55.5	53
I	52.8	0.642	1.480	51.3	54.3	54
J	54.7	0.867	1.999	52.7	56.7	55

測定された体重が、下限値と上限値の区間から外れている人はE君とF君です。E君は下限値より小さい値なので「やせすぎ」、F君は上限値より大きいので「太りすぎ」と判断します。

上記結果をグラフにすると、一目で誰が「やせすぎ」「太りすぎ」かが把握できます。

グラフ内の直線は理論値、曲線は下限値と上限値の値をプロットし、点と点の間を線で結んで作成したものです。

◆図3.8 理論値、下限値、上限値のグラフ

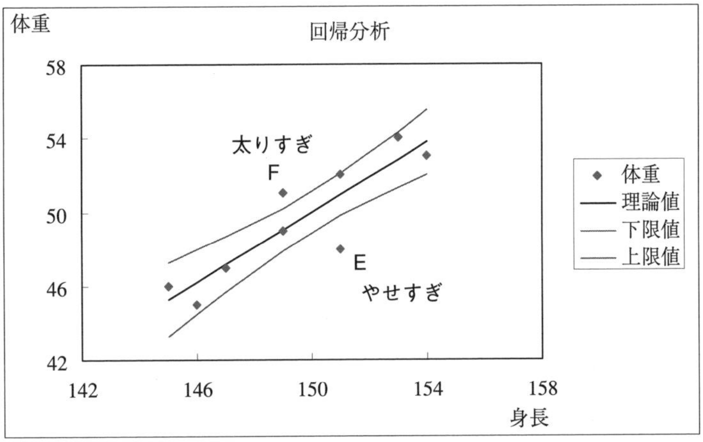

例題3-1における10人以外の人（ただし、小学生男子）について、「やせすぎ」「太りすぎ」を調べた場合、（式3.7）を適用することができます。その人が仮に身長155 cm、体重55 kgであれば（式3.7）に$x_i = 155$を代入し、下限値、上限値を求めると、52.7 kg、56.7 kgとなります。この人は55 kgなので「やせすぎ」「太りすぎ」のどちらでもないことがわかります。

3.8 Excelのデータ分析で回帰分析を行う

例題3-1をExcelの［データ分析］（データ分析ツール）で行ってみます。

Excel　多変量解析演習用データ　シート名「体重」

❶ 株式会社アイスタットのホームページ（https://istat.co.jp/）より「多変量解析演習用データ.xlsx」をダウンロードして開きます。
ダウンロードの方法は、本書269ページをご参照ください。
❷ シート名「体重」を選択します。
❸ Excelのメニューバー［データ］から［データ分析］を選択します。
❹ 下記画面で［回帰分析］を選択し、OK ボタンを押します。

◆図3.9
［回帰分析］の選択

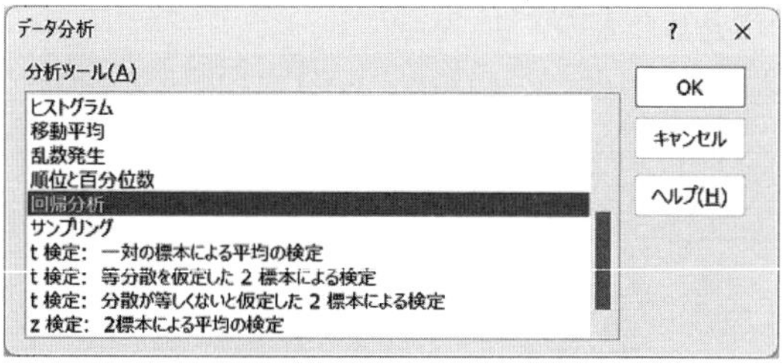

❺ 下記画面が表示されます。

◆図3.10
［回帰分析］の指定画面

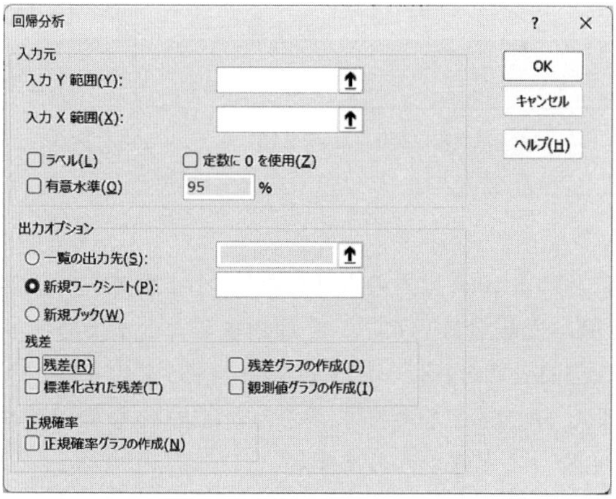

❻ 下記に従って指定します。

◆図 3.11
入力方法

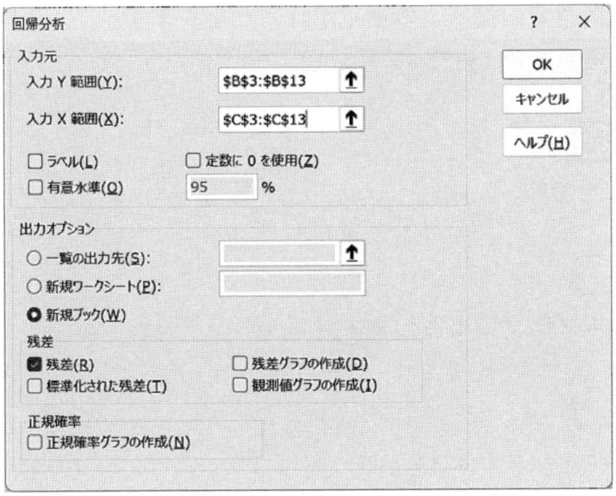

入力Y範囲　［体重］とデータを指定します。

入力X範囲　［身長］とデータを指定します。

◆図 3.12
ラベル指定

☑ ラベルにチェックをつけると…
↓「体重」から指定

	体重	身長
A	45	146
B	46	145
C	47	147
D	49	149
E	48	151
F	51	149
G	52	151
H	53	154
I	54	153
J	55	155

☐ ラベルにチェックをつけないと…
↓データのみを指定

	体重	身長
A	45	146
B	46	145
C	47	147
D	49	149
E	48	151
F	51	149
G	52	151
H	53	154
I	54	153
J	55	155

有意水準

係数の区間指定の際、この指定が有効となります。

有意水準の意味は15ページを参照。

定数に0を使用

65ページを参照。

出入オプション

結果を新規ブックに出力します。

残　差

残差のみチェックします。

残差の意味は60ページを参照。

正規確率

145ページを参照。

出力結果

概要

回帰統計		
重相関R	0.9162	R^2 のルート
重決定R2	0.8395	R^2（決定係数）
補正R2	0.8194	修正済み決定係数
標準誤差	1.4855	V_e
観測数	10	n

分散分析表

	自由度	変動	分散	観測された分散比	有意F
回帰	1	92.346	92.346	41.847	0.0002
残差	8	17.654	2.207		
合計	9	110.000			

	係数	標準誤差	t	P-値	下限95%	上限95%
切片	−91.346	21.855	−4.180	0.003	−141.744	−40.949
身長	0.942	0.146	6.469	0.000	0.606	1.278

$y = 0.942x - 91.346$　　7章7.9◆1、◆2、◆3　　7章7.9◆4

残差出力

観測値	予測値：体重	残差
1	46.2	−1.2
2	45.3	0.7
3	47.2	−0.2
4	49.1	−0.1
5	50.9	−2.9
6	49.1	1.9
7	50.9	1.1
8	53.8	−0.8
9	52.8	1.2
10	54.7	0.3

理論値

❼「定数に 0 を使用」を選択した場合

直線の式は　　$y = 0.3336x$

データ x の 2 乗、x と y の積を計算し、合計を出します。

$y = ax$ の a は次によって求められた値です。

◆表 3.10「定数に 0 を使用」の計算方法

体重 y	身長 x	x^2	xy
45	146	21,316	6,570
46	145	21,025	6,670
47	147	21,609	6,909
49	149	22,201	7,301
48	151	22,801	7,248
51	149	22,201	7,599
52	151	22,801	7,852
53	154	23,716	8,162
54	153	23,409	8,262
55	155	24,025	8,525
		225,104	75,098
		$\sum x^2$	$\sum xy$

$$a = \frac{\sum xy}{\sum x^2} = \frac{75098}{225104} = 0.3336$$

第4章

曲線回帰分析

4.1 曲線回帰とはなにか

例題3-1の身長と体重のデータについて、第3章では直線を当てはめましたが、直線よりも曲線の方が当てはまりが良いかもしれません。直線でなく曲線を表す関数式を当てはめることを曲線回帰といいます。直線の式$y=ax+b$において、xの代わりに$\sqrt{x}$, $\log x$, $1/x$を用いた関数式、つまり$y=a\sqrt{x}+b$, $y=a\log x+b$, $y=a(1/x)+b$などを用いると、曲線を当てはめることができます。そこでいろいろな曲線を当てはめて、当てはまりの精度を調べ、もっとも精度の高い曲線の式を選択します。さらに、関数式がどのような曲線を描くかを知っていれば、相関図を見て、だいたいどの関数式を当てはめれば良いかを判断することができ、その中で精度の高いものを選べば良いことになります。

xの代わりに$\sqrt{x}$, $\log x$, $1/x$を用いた関数$y=a\sqrt{x}+b$, $y=a\log x+b$, $y=a(1/x)+b$などの当てはめ方は、前節で解説した直線の当てはめ方法とまったく同じになります。ちょっと複雑な指数関数$y=ab^x$についても両辺の対数をとることによって$\log y=\log b\cdot x+\log a$となり、$Y=\log y$, $A=\log b$, $B=\log a$とおくと、$Y=Ax+B$で一次式の形になってしまいます。

関数式の種類

①	直線	$y=ax+b$
②	分数	$y=a(1/x)+b$
③	ルート	$y=a\sqrt{x}+b$
④	自然対数	$y=a\log x+b$
⑤	べき乗	$y=ax^b$
⑥	指数	$y=ab^x$

aとbは係数または定数項です。$\log x$は自然対数で、正しくは$\log_e x$で表されるものですが、本書では自然対数を省略記号の$\log x$で表すことにします。ただし、$e=2.71828\cdots$という定数を表します。

4.2 関数式の形状

◆ 直　線

$$y = ax + b \qquad \cdots \text{(式4.1)}$$

◆図4.1
$y=ax+b$

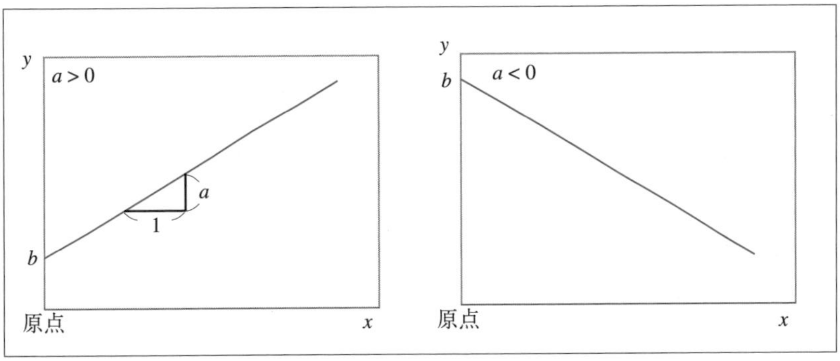

● a：直線の増加（減少）度合いの大きさを表します。
$a>0$の場合は右上がり、$a<0$の場合は右下がりの直線となります。

● b：y軸との交点を表します。

◆ 分　数

$$y = a \cdot \frac{1}{x} + b \quad （ただし x \neq 0） \qquad \cdots \text{(式4.2)}$$

◆図4.2
$y=a\cdot\frac{1}{x}+b$

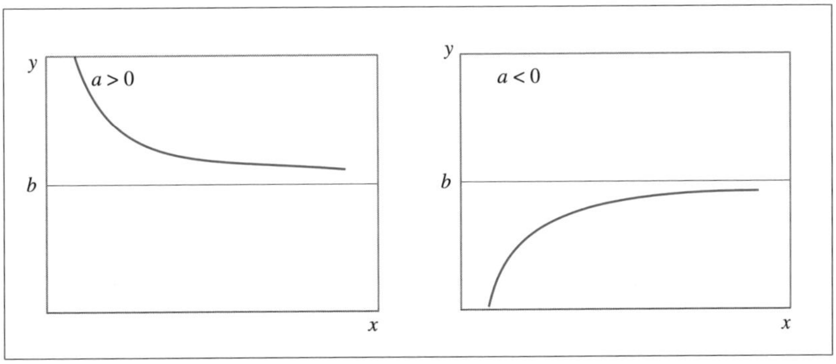

● a：曲線が立ち上がる傾斜の大きさを表します。
$a>0$の場合は右下がり、$a<0$の場合は右上がりのグラフとなります。

● b：漸近線を表します。
x変数のデータに0があるとき、分数関数は適用できません。

◆ ルート

$y=a\sqrt{x}+b$　（ただし$x>0$）　・・・（式4.3）

◆図4.3
$y=a\sqrt{x}+b$

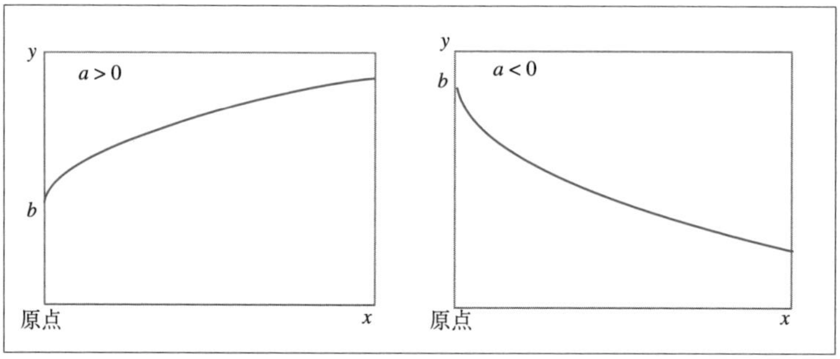

● a：曲線が立ち上がる傾斜の大きさを表します。
$a>0$の場合は右上がり、$a<0$の場合は右下がりのグラフとなります。

● b：グラフの始点を表すy軸上の値。
x変数のデータに0または負の値があると、ルート関数は適用できません。

◆ 自然対数

$y=a\log x+b$　（ただし$x>0$）　・・・（式4.4）

◆図4.4
$y=a\log x+b$

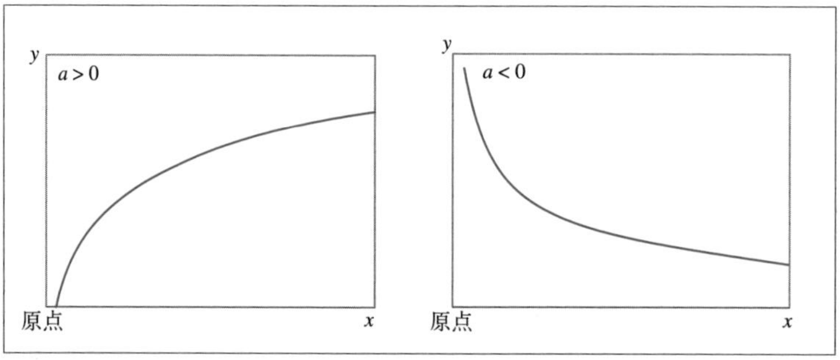

● a：曲線が立ち上がる傾斜の大きさを表します。
$a>0$の場合は右上がり、$a<0$の場合は右下がりのグラフとなります。
x変数のデータに0または負の値があると、自然対数関数は適用できません。
bはy軸の交点ではありません。$y=a\ \log\ x+b$は$y=a\ \log\ x$をbの値だけ上側に平行移動したグラフです。

● 自然対数は底をe（$=2.71828...$）とし、eは省略できます。底が10のものは常用対数といいます。

◆ べき乗

$y = ax^b$ （ただし$x \geqq 0$）　　　　　　　　　　　　・・・（式4.5）

◆図4.5
$y = ax^b$

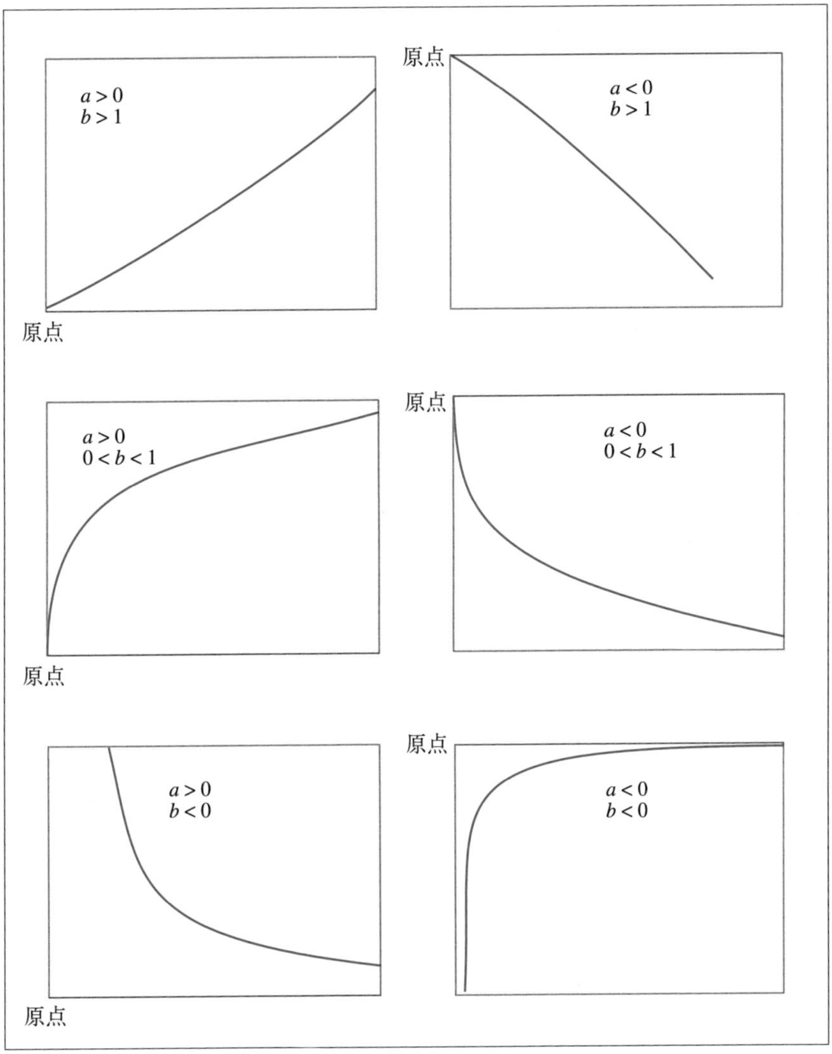

● a：曲線が立ち上がる傾斜の大きさを表します。
　$a>0$の場合は$y>0$、$a<0$の場合は$y<0$のグラフとなります。

● b：カーブの凹凸を表します。
　x変数のデータに0または負の値（マイナス）があると、べき乗関数は適用できません。

◆ 指　数

$y = ab^x$　（ただし $b > 0$）　・・・（式4.6）

◆図4.6
$y=ab^x$

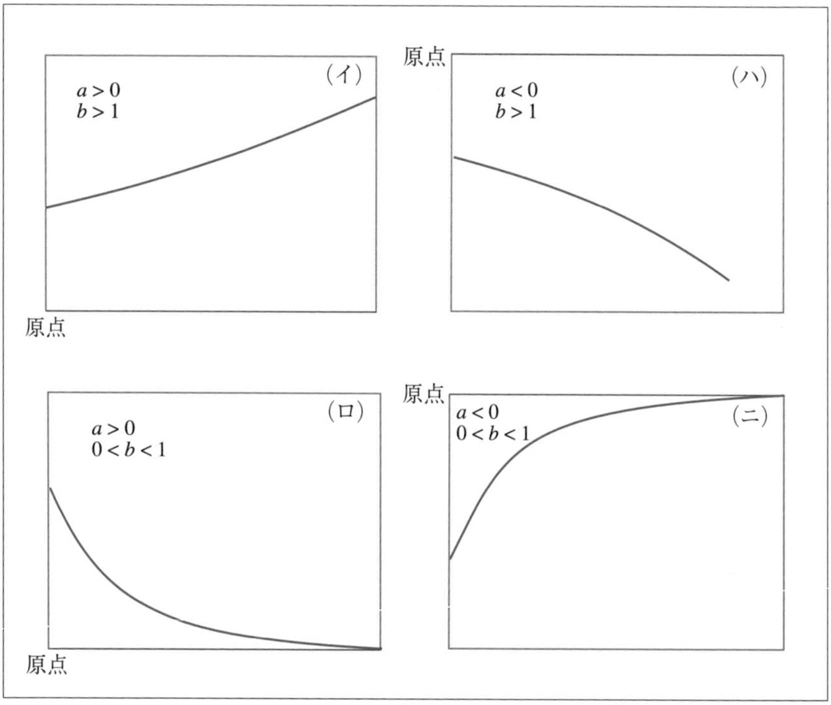

● a：曲線の位置を決める値。

● b：曲線が立ち上がる傾斜の大きさを表します。
x変数のデータは、どんな値でも可能。
y変数に正（プラス）のデータが多ければ（イ）（ロ）、負（マイナス）が多ければ（ハ）（ニ）の曲線が当てはまります。

4.3 曲線回帰の求め方

◆ 一次式への変換

①〜⑥の全ての式は、次の一次型 $Y=AX+B$ で表現できます。

① 直線

$$\begin{array}{c} y = ax + b \\ \downarrow \\ Y = AX + B \end{array}$$

② 分数

$$\begin{array}{c} y = a(1/x) + b \\ \downarrow \\ Y = A\ X + B \end{array}$$

③ ルート

$$\begin{array}{c} y = a\sqrt{x} + b \\ \downarrow \\ Y = A\ X + B \end{array}$$

④ 自然対数

$$\begin{array}{c} y = a\log x + b \\ \downarrow \\ Y = A\ X + B \end{array}$$

⑤ べき乗

$$\begin{array}{c} y = ax^{b} \\ \downarrow \\ \log y = b \cdot \log x + \log a \\ \downarrow \\ Y = A\ X + B \end{array}$$

⑥ 指数

$$\begin{array}{c} y = ab^{x} \\ \downarrow \\ \log y = \log b \cdot x + \log a \\ \downarrow \\ Y = A\ X + B \end{array}$$

◆ $Y=AX+B$ における A、B の算出

変数	1	2	$\cdots i$	$\cdots n$
X	X_1	X_2	$\cdots X_i$	$\cdots X_n$
Y	Y_1	Y_2	$\cdots Y_i$	$\cdots Y_n$

変数名を X と Y とし、変換後のデータを上の表のようにおきます。
このとき、A および B は次式によって求められます。

公　式

平均　$\bar{Y} = \sum_{i=1}^{n} Y_i / n$　　$\bar{X} = \sum_{i=1}^{n} X_i / n$

偏差平方和　$S_{YY} = \sum_{i=1}^{n} (Y_i - \bar{Y})^2$　　$S_{XX} = \sum_{i=1}^{n} (X_i - \bar{X})^2$

積和　$S_{XY} = \sum_{i=1}^{n} (Y_i - \bar{Y})(X_i - \bar{X})$

$A = S_{XY} / S_{XX}$

$B = \bar{Y} - A\bar{X}$

◆ 係数の変換

最終的に求めるa、bは次の変換によって導くことができます。

公　式

① 直線	$a=A$	$b=B$
② 分数	$a=A$	$b=B$
③ ルート	$a=A$	$b=B$
④ 自然対数	$a=A$	$b=B$
⑤ べき乗	$a=e^B$	$b=A$
⑥ 指数	$a=e^B$	$b=e^A$

◆ a、b算出のための計算手順

① データ変換

「一次式への変換」に基づき、データを変換します。

●例1　「分数」なら　$1/x$を計算してこれをXとおく
yはそのままのデータをYとおく

●例2　「指数」なら　$\log y$を計算してこれをYとおく
xはそのままのデータをXとおく

② 基本統計量の算出

X、Yのデータについて平均、偏差平方和、積和を計算します。

③ 係数a、bの算出

$Y=AX+B$のA、Bを求め、「係数の変換」によりA、Bからa、bを導きます。

4.4 ルート関数を当てはめる

表3.1にルート関数を当てはめます。
$Y=y$、$X=\sqrt{x}$の変換を行い、S_{yy}、S_{xx}、S_{xy}を求めます。

◆表4.1
ルート関数の計算手順

営業所	売上 (y)	営業担当者数 (x)	Y	X	$Y-\overline{Y}$	$X-\overline{X}$	$(Y-\overline{Y})^2$	$(X-\overline{X})^2$	$(Y-\overline{Y})(X-\overline{X})$
A	3	1	3	1.000	−1.000	−0.676	1.000	0.458	0.676
B	3	2	3	1.414	−1.000	−0.262	1.000	0.069	0.262
C	4	3	4	1.732	0.000	0.056	0.000	0.003	0.000
D	5	4	5	2.000	1.000	0.324	1.000	0.105	0.324
E	5	5	5	2.236	1.000	0.560	1.000	0.313	0.560
		合計	20	8.382	0.000	0.000	4.000	0.947	1.822
		平均	4	1.676			↑ S_{yy}	↑ S_{xx}	↑ S_{xy}
			↑ $\overline{Y}$	↑ $\overline{X}$					

$Y=AX+B$における

$$A=\frac{S_{xy}}{S_{xx}}=\frac{1.822}{0.947}=1.923$$

$$B=\overline{Y}-A\overline{X}=4-1.923\times1.676=0.776$$

「係数の変換」より　$a=A$、$b=B$

求める曲線回帰式は、$y=1.923\sqrt{x}+0.776$

この式にxを代入し理論値を求めます。

営業所　$y=1.923\sqrt{5}+0.776=5.1$

◆表4.2
理論値

営業担当者数	売　上	理論値	残　差	残差平方
1	3	2.7	0.3	0.091
2	3	3.5	−0.5	0.246
3	4	4.1	−0.1	0.011
4	5	4.6	0.4	0.143
5	5	(5.1)	−0.1	0.006
			計	0.496 ← S_e

分析精度　$R^2 = 1 - \dfrac{S_e}{S_{yy}} = 1 - \dfrac{0.496}{4} = 0.876$

◆図4.7
ルート関数の当てはめ

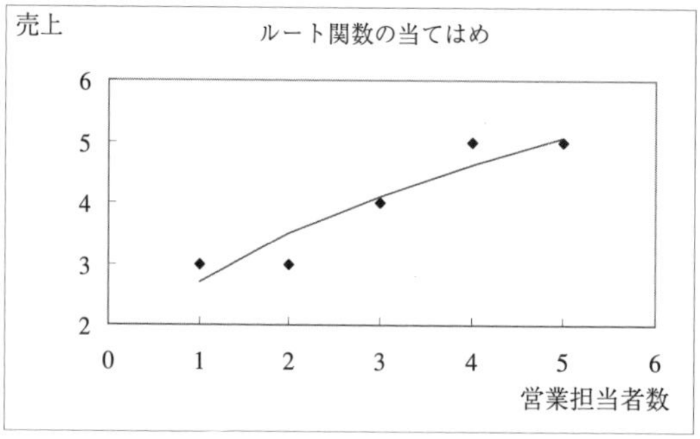

4.5 指数関数を当てはめる

表3.1に指数関数を当てはめます。

$Y = \log y$、$X = x$ の変換を行い、S_{YY}、S_{XX}、S_{XY} を求めます。

◆表4.3
指数関数の
計算手順

	y	x							
営業所	売上	営業担当者数	Y	X	$Y-\overline{Y}$	$X-\overline{X}$	$(Y-\overline{Y})^2$	$(X-\overline{X})^2$	$(Y-\overline{Y})(X-\overline{X})$
A	3	1	1.099	1.000	−0.262	−2.000	0.069	4.000	0.524
B	3	2	1.099	2.000	−0.262	−1.000	0.069	1.000	0.262
C	4	3	1.386	3.000	0.026	0.000	0.001	0.000	0.000
D	5	4	1.609	4.000	0.249	1.000	0.062	1.000	0.249
E	5	5	1.609	5.000	0.249	2.000	0.062	4.000	0.498
		合計	6.802	15.000	0.000	0.000	0.262	10.000	1.532
		平均	1.36	3.000					
			↑ $\overline{Y}$	↑ $\overline{X}$			↑ S_{YY}	↑ S_{XX}	↑ S_{XY}

$Y = AX + B$ における

$$A = \frac{S_{XY}}{S_{XX}} = \frac{1.532}{10.00} = 0.1532$$

$$B = \overline{Y} - A\overline{X} = 1.36 - 0.1532 \times 3 = 0.9004$$

「係数の変換」より　$a = e^B = 2.71828^{0.9004} = 2.461 \rightarrow$ EXCEL関数 $= \exp(0.9004)$

$b = e^A = 2.71828^{0.1532} = 1.166 \rightarrow$ EXCEL関数 $= \exp(0.1532)$

注：e は自然対数の底で2.71828…です。

求める曲線回帰式は、　$y = 2.462 \times 1.166^x$

この式にxを代入し、理論値を求めます。

営業所E　$y = 2.462 \times 1.166^5 = 5.3$　　→ Excel = 1.166^5

◆表4.4
理論値

営業担当者数	売　上	理論値	残　差	残差平方
1	3	2.9	0.1	0.017
2	3	3.3	−0.3	0.118
3	4	3.9	−0.1	0.010
4	5	4.5	0.5	0.208
5	5	5.3	−0.3	0.088
			計	0.442

↑ S_e

分析精度　$R^2 = 1 - \dfrac{S_e}{S_{yy}} = 1 - \dfrac{0.442}{4} = 0.890$

注　$S_{yy} = (3-4)^2 + (3-4)^2 + (4-4)^2 + (5-4)^2 + (5-4)^2 = 4$

$S_{yy} = 4$と$S_{YY} = 0.262$（表4.3）は異なります。

◆図4.8
指数関数の
当てはめ

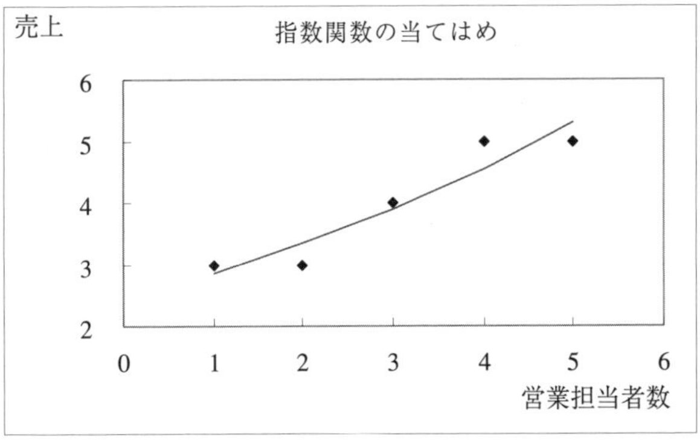

ルートの決定係数は0.876、指数の決定係数は0.890。これより、指数関数のほうがルート関数より当てはまりが良いことがわかりました。

第5章

CS分析

CSグラフ
満足度
味がよい
品揃えが豊富
取次サービスが
充実
新鮮である
レイアウトがよい
イメージがよい
処理時間が早い
従業員態度がよい
改善項目
重要度

5.1 CS分析とはなにか

文具メーカーが顧客満足度（Customer Satisfaction：CS）を調べるためにシャープペンシルについてアンケート調査を行いました。

シャープペンシルについて、書きやすさを「良い」とした人の大半が再びそのシャープペンシルを購入予定ありと回答し、逆に「悪い」の大半が購入予定無しという回答であったとします。この場合、書きやすさは購入を決める重要な要因といえます。

デザインについては、「良い」とした人のほぼ半数が購入予定ありと回答、「悪い」のほぼ半分が購入予定無しの回答である場合、デザインは購入を決めるのに重要な要因ではないといえます。

質問項目における重要度の度合いは、2章2.2で学習した単相関係数で表すことができます。相関係数は−1から1の間をとり、±1に近くなるほど重要度が高いことを示します。

次は、シャープペンシルに関する10人のアンケート結果と、平均、比率、相関を示したものです。

◆表5.1 シャープペンシルに関するアンケート結果

回答者	書きやすさ	デザイン	購入予定
1	1	1	1
2	1	0	1
3	1	0	1
4	0	1	1
5	1	0	0
6	0	1	0
7	0	0	0
8	0	0	0
9	0	0	0
10	0	0	0
	1. 良い	1. 良い	1. 予定有り
	0. 悪い	0. 悪い	0. 予定無し

◆表5.2 平均、比率、相関

「書きやすさ」の平均、比率	
比　率	4人÷10人＝40％
平　均	合計4点÷10人＝0.4点

「デザイン」の平均、比率	
比　率	3人÷10人＝30％
平　均	合計3点÷10人＝0.3点

「書きやすさ」と「購入予定」の相関	
単相関係数	0.583

「デザイン」と「購入予定」の相関	
単相関係数	0.356

それでは、上記の結果から、どちらの機能を改善すべきかを考えてみます。

まず始めに見るのは、どの機能が購入の決め手になる要因であるかという点です。単相関係数の数値から重要要因を判断するという、統計的な基準はありませんが、専門家は0.5ぐらいを目安にしていると思います。

この基準から判断すると、「書きやすさ」が重要要因となります。重要要因と判断された項目における「良い」の比率が、分析者が決めた％を下回るものについて改善していきます。今回は50％以下を改善対象と見なすことにすると、重要項目である「書きやすさ」の良いの割合（％）は40％なので、「書きやすさ」を改善することになります。デザインの満足率は30％と低いにもかかわらず重要要因ではないので、改善は不要ということです。

このような考え方で改善度を調べる分析方法を**CS分析**といいます。

5.2 CS分析の計算方法

具体的な例で相関係数と満足率を調べてみます。

日販（1日の平均売上）が30万円程度のコンビニエンス・ストアがあります。開店後1年間は日販40万円でしたが、最近3ヶ月間は30万円に落ち込んでいます。近くに競合店ができたわけでもないのに、客数が減少しています。

そこで、店長は、原因を追及するために、取扱商品、サービスの内容、商品の味・新鮮さ、店のレイアウト・清潔感、従業員の接客態度に対する顧客の満足度を調べるアンケートを実施しました。調査方法は、来店者に例題5-1の調査票を配布し、その場で回答してもらいました。20人の回答を得たところでアンケートを終了しました。

回答結果は表5.3に示します。

例題5-1

問1　このコンビニに関するあなたのお考えをそれぞれお聞かせください。（○は各1つずつ）

	全然そう思わない	あまりそう思わない	どちらともいえない	ややそう思う	全くそう思う
A　人気商品でも売り切れがない仕組みになっている	1	2	3	4	5
B　生鮮食品、加工食品など常に新鮮なものを置いている	1	2	3	4	5
C　弁当、惣菜などの味は自分の好みにあっている	1	2	3	4	5
D　料金を支払う際、できるだけ待たせない仕組みになっている	1	2	3	4	5
E　店全体のイメージ、雰囲気が好きである	1	2	3	4	5
F　従業員の接客態度が良い	1	2	3	4	5
G　品物を探しやすいレイアウトになっている	1	2	3	4	5
H　品数が豊富である	1	2	3	4	5
I　宅急便、公共料金支払いなどの取次サービスが充実している	1	2	3	4	5

問2　総合的に見て、このコンビニに関する評価をお知らせください。（○は1つだけ）

1. 非常に悪い	2. やや悪い	3. 普通	4. やや良い	5. 非常に良い

解　答

◆表5.3 アンケート回答データ

項目／来店者	1	2	3	4	5	6	7	8	9	目的変数
	品切れがない	新鮮である	味が良い	処理時間が早い	イメージが良い	従業員態度が良い	レイアウトが良い	品揃えが豊富	取次サービスが充実	総合評価
1	3	1	4	4	5	2	2	1	2	2
2	4	4	4	3	3	2	3	5	4	5
3	2	3	1	2	1	5	4	1	1	3
4	3	5	5	4	1	2	1	4	5	4
5	3	4	4	3	3	3	3	5	3	4
6	4	3	3	2	3	2	3	3	4	4
7	4	2	2	5	3	1	3	1	1	4
8	1	1	1	1	4	3	4	4	4	2
9	3	3	4	5	3	1	3	4	3	4
10	1	3	3	1	2	1	2	2	2	1
11	5	2	2	3	3	2	3	3	4	3
12	5	4	4	3	5	2	4	5	4	5
13	2	3	3	2	3	1	3	2	3	2
14	1	4	4	3	1	1	2	4	4	2
15	3	3	2	5	4	1	3	1	2	1
16	1	2	2	1	1	2	1	2	2	1
17	3	4	4	4	1	2	1	2	3	3
18	1	2	3	2	3	1	4	4	5	2
19	2	3	4	1	5	2	5	4	4	2
20	3	4	4	4	5	3	4	3	3	4

注. 上記の項目名は、調査票の質問文を、短い文章で表したもの

各評価について、「全くそう思う」「ややそう思う」のいずれかに回答したものを「良い」、「どちらともいえない」を「普通」、「あまりそう思わない」「全然そう思わない」を「悪い」としました。

各質問ごとに、3段階（良い、普通、悪い）に対する回答数及び割合（%）を算出し、割合についてグラフを作成します。

グラフの右側に平均点を表示しました。平均点は次によって算出しました。

「全くそう思う」……………………5点
「ややそう思う」……………………4点
「どちらともいえない」…………3点
「あまりそう思わない」…………2点
「全然そう思わない」……………1点

◆図5.1
満足度グラフ

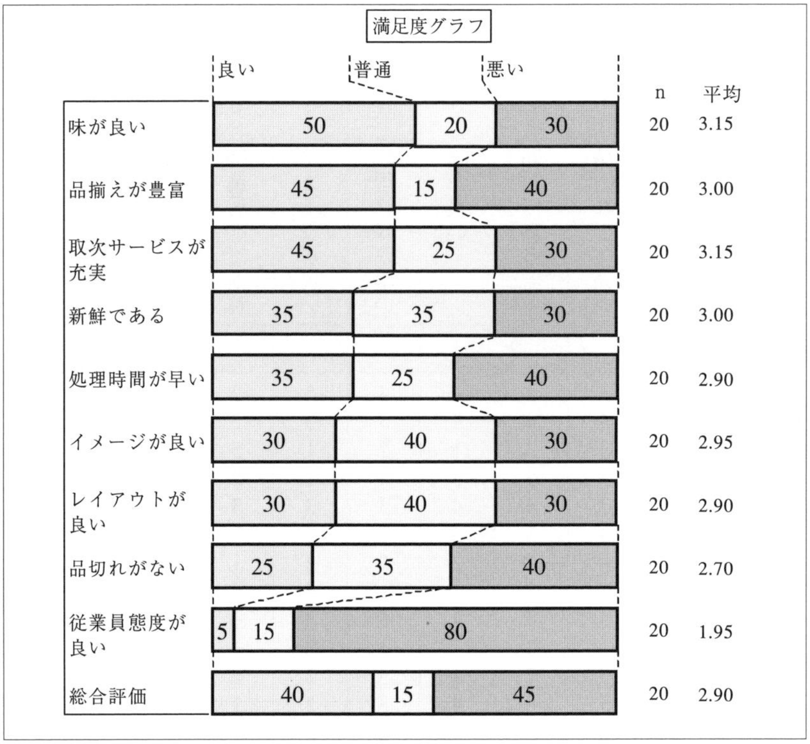

上記グラフは「良い」の％で並べかえています（総合評価は除く）。
次に各評価項目と総合評価との単相関係数を算出します。

◆表5.4
単相関係数

評価項目	単相関係数
品切れがない	0.7313
新鮮である	0.4915
品揃えが豊富	0.4890
処理時間が早い	0.4090
味が良い	0.4044
取次サービスが充実	0.2512
従業員態度が良い	0.2403
レイアウトが良い	0.1745
イメージが良い	0.1392

注．単相関係数の算出方法は21ページの「2.2　単相関係数」を参照

そして、図5.1における「良い」の比率（平均値でも良い）を縦軸に、表5.4の単相関係数を横軸にとり、9つの評価項目をプロットしました。このグラフをCSグラフといいます。

このグラフにより、総合評価との相関係数が高いにもかかわらず、「良い」の比率が低い「品切れがない」の改善を速やかに行うべきだ、ということがわかりました。

◆図 5.2
CS グラフ

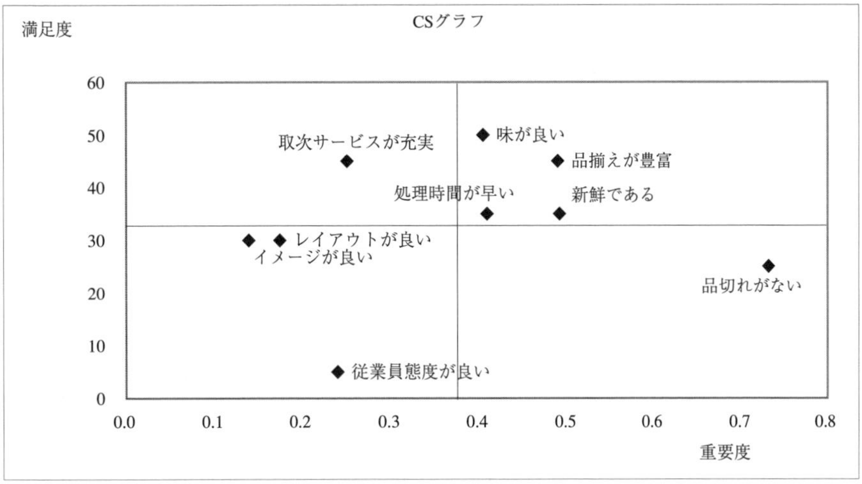

注
1. 単相関係数を重要度、「"良い" の割合［%］」を満足度と名称
2. グラフ上の横線と縦線は、「"良い" の割合［%］（満足度）」と「単相関係数（重要度）」の平均

次のページで、改善度を求める際、偏差値を用いています。表5.6の重要度の偏差値の求め方を説明します。偏差値は次の公式によって求められます。

$$偏差値 = \frac{10 \times (重要度 - 平均)}{標準偏差} + 50$$

◆表 5.5
偏差値の計算方法

評価項目	①	②	③	④	偏差値
	重要度	①－平均	10×②	③÷標準偏差	④+50
品切れがない	0.7313	0.3613	3.61	20.3	70.3
新鮮である	0.4915	0.1215	1.21	6.8	56.8
味が良い	0.4044	0.0344	0.34	1.9	51.9
処理時間が早い	0.4090	0.0390	0.39	2.2	52.2
イメージが良い	0.1392	－0.2308	－2.31	－13.0	37.0
従業員態度が良い	0.2403	－0.1297	－1.30	－7.3	42.7
レイアウトが良い	0.1745	－0.1955	－1.96	－11.0	39.0
品揃えが豊富	0.4890	0.1190	1.19	6.7	56.7
取次サービスが充実	0.2512	－0.1188	－1.19	－6.7	43.3
平均	0.3700				
標準偏差	0.1778				

注. 分散（9ページ）の平方根を標準偏差（10ページ）といいます。分散を求める場合、人数を n としたとき、$n-1$ で割る公式、n で割る公式があります。ここでは n で割る公式を用いています。

5.3 改善度の求め方

CSグラフにおけるプロットの位置から、改善度優先の順に応じて得点化することができます。以下は得点化の手順を示したものです。

満足度、重要度の偏差値を求めます。

◆表5.6 偏差値の計算結果

評価項目	満足度	重要度
品切れがない	25.0	0.7313
新鮮である	35.0	0.4915
味が良い	50.0	0.4044
処理時間が早い	35.0	0.4090
イメージが良い	30.0	0.1392
従業員態度が良い	5.0	0.2403
レイアウトが良い	30.0	0.1745
品揃えが豊富	45.0	0.4890
取次サービスが充実	45.0	0.2512
平均	33.33	0.3700
標準偏差	12.69	0.18

評価項目	偏差値	
	満足度	重要度
品切れがない	43.4	70.3
新鮮である	51.3	56.8
味が良い	63.1	51.9
処理時間が早い	51.3	52.2
イメージが良い	47.4	37.0
従業員態度が良い	27.7	42.7
レイアウトが良い	47.4	39.0
品揃えが豊富	59.2	56.7
取次サービスが充実	59.2	43.3
平均	50.0	50.0

$$満足度偏差値 = 10 \times \frac{満足度 - 平均}{標準偏差} + 50$$

重要度偏差値も同様（85ページ参照）

注 標準偏差の算出式において分母は $n-1$ でなく n を適用。

前記同様に、満足度を縦軸に、重要度を横軸にとり、点グラフを作成します。

◆図5.3 偏差値CSグラフ

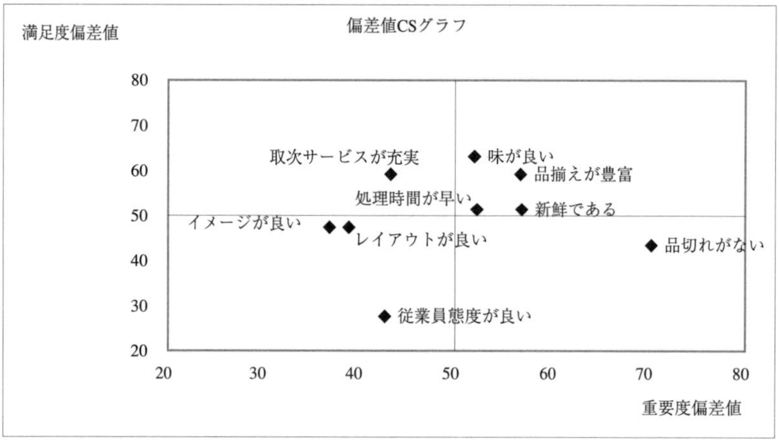

❶ 図5.3において、原点からの各プロット位置までの距離を測定します。

●例　「品切れがない」のプロット位置の座標 $(x, y) = (70.31, 43.43)$

$$距離 = \sqrt{(x-\bar{x})^2 + (y-\bar{y})^2} = \sqrt{(70.31-50)^2 + (43.4-50)^2} = 21.35$$

❷ 図5.3において、原点と点（80, 20）を結んだ直線と、各プロット位置を通る直線との角度を分度器で実測して求めます。この角度はExcelの関数でも求められます（マイクロソフト社のWebページなどでご確認ください）。

●例　「品切れがない」の場合、27.1度

「従業員態度が良い」の場合、63.1度

❸ 修正指数は2つのいずれかの方法で求めます。

修正指数　① $r = \dfrac{90 - 角度}{90}$　　② $r = \cos(角度)$　　注：cosは三角関数のコサイン

どちらが良いという基準はありませんが著者は①を用いることが多いです。

●例　「品切れがない」 $r = \dfrac{90 - 27.1}{90} = 0.699$

参　考

角度	r
0	1
45	0.5
90	0
120	−0.33

❹ ❶距離と❸修正指数を掛けた値を求めます。この値を改善度といいます。値が大きいほど改善度を優先します。

◆図5.4 改善度の求め方

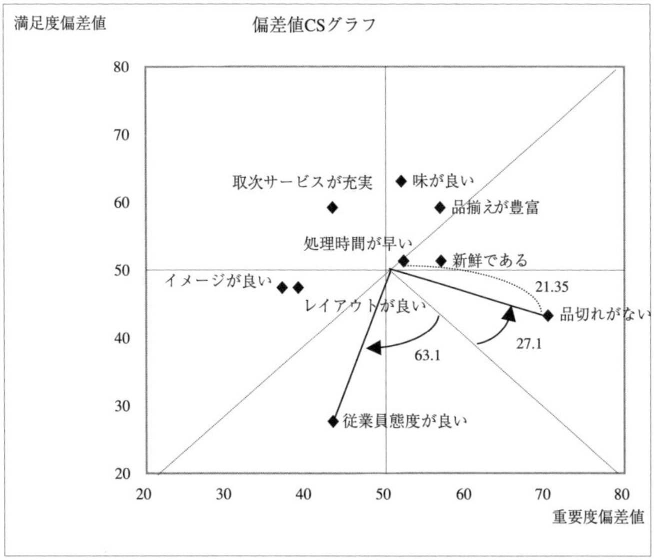

下表は❶から❹までの手順に従って改善度を計算した結果です。

◆表5.7
改善度の
計算結果

評価項目	① 距離	② 角度	③ 修正指数	④ 改善度
品切れがない	21.35	27.09	0.699	14.92
新鮮である	6.95	55.88	0.379	2.64
味が良い	13.27	126.63	−0.407	−5.40
処理時間が早い	2.55	75.94	0.156	0.40
イメージが良い	13.24	123.56	−0.373	−4.94
従業員態度が良い	23.48	63.10	0.299	7.02
レイアウトが良い	11.31	121.57	−0.351	−3.97
品揃えが豊富	11.37	98.94	−0.099	−1.13
取次サービスが充実	11.36	171.02	−0.900	−10.23

改善度の大きい順に並べ替えます。

◆表5.8
改善度降順表

評価項目	① 距離	② 角度	③ 修正指数	④ 改善度
品切れがない	21.35	27.09	0.699	14.92
従業員態度が良い	23.48	63.10	0.299	7.02
新鮮である	6.95	55.88	0.379	2.64
処理時間が早い	2.55	75.94	0.156	0.40
品揃えが豊富	11.37	98.94	−0.099	−1.13
レイアウトが良い	11.31	121.57	−0.351	−3.97
イメージが良い	13.24	123.56	−0.373	−4.94
味が良い	13.27	126.63	−0.407	−5.40
取次サービスが充実	11.36	171.02	−0.900	−10.23

改善度の大きい値のものを改善します。

この例では、「品切れがない」が最も大きく、次に「従業員態度が良い」が続きます。

値が負（マイナス）の項目は改善不要です。

5.4 Excel アドインソフトを使ってCS 分析を行う

例題 5-2

次に示すデータは、表5.3を再掲したものです。

このお店の総合評価を上げるためには、どんな点を改善したら良いかを明らかにしなさい。

顧客満足度調査										
項目／来店者	総合評価	品切れがない	新鮮である	味が良い	処理時間が早い	イメージが良い	従業員態度が良い	レイアウトが良い	品揃えが豊富	取次サービスが充実
1	2	3	1	4	4	5	2	2	1	2
2	5	4	4	4	3	3	2	3	5	4
3	3	2	3	1	2	1	5	4	1	1
4	4	3	5	5	4	1	2	1	4	5
5	4	3	4	4	3	3	3	3	5	3
6	4	4	3	3	2	3	2	3	3	4
7	4	4	2	2	5	3	1	3	1	1
8	2	1	1	1	1	4	3	4	4	4
9	4	3	3	4	5	3	1	3	4	3
10	1	1	3	3	1	2	1	2	2	2
11	3	5	2	2	3	3	2	3	3	4
12	5	5	4	4	3	5	2	4	5	4
13	2	2	3	3	2	3	1	3	2	3
14	2	1	4	4	3	1	1	2	4	4
15	1	3	3	2	5	4	1	3	1	2
16	1	1	2	2	1	1	2	1	2	2
17	3	3	4	4	4	1	2	1	2	3
18	2	1	2	3	2	3	1	4	4	5
19	2	2	3	4	1	5	2	5	4	4
20	4	3	4	4	4	5	3	4	3	3

機能・サービスに対する評価	1	2	3	4	5
	全然そう思わない	あまりそう思わない	どちらともいえない	ややそう思う	全くそう思う
総合評価	1	2	3	4	5
	非常に悪い	やや悪い	どちらともいえない	やや良い	非常に良い

◆ ソフトウェアの実行

Excel 多変量解析演習用データ　シート名「顧客満足度調査」

Excelの機能で計算するのは大変手間なので、改善度の計算は株式会社アイスタット作成のソフトウェアを適用して行います。

ダウンロードの方法は、本書269ページをご参照ください。

既に入力されているデータで操作方法を説明します。

❶ Excel多変量フォルダ内の多変量ソフトウェア.xlsmをダブルクリックすると、Excelのメニューバーにアイスタットのソフトウェアが組み込まれます。アドインをクリックすると次画面が表示されます。

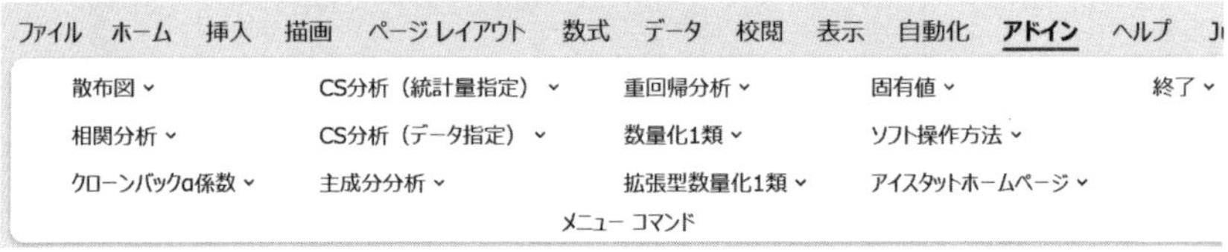

◆図5.5
［アイスタットソフトウェア］のメニュー

❷ Excel多変量フォルダ内の多変量演習用データ.xlsxを開き、シート名「顧客満足度調査」を指定してください。

❸ メニューバーのCS分析（データ指定）を選択し、実行ボタンを押します。

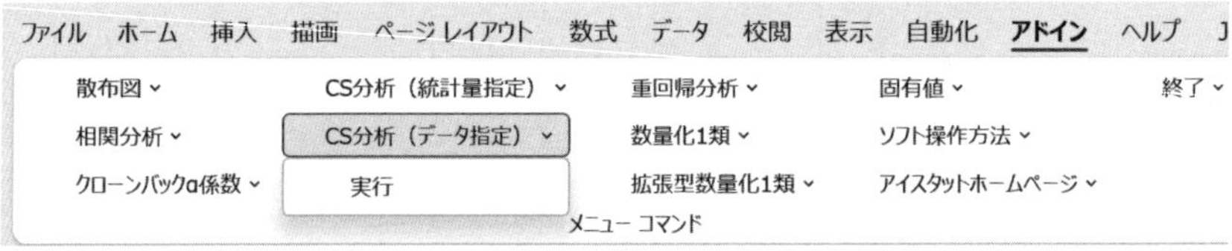

◆図5.6
［CS分析］の選択

❹ 次画面が表示されます。

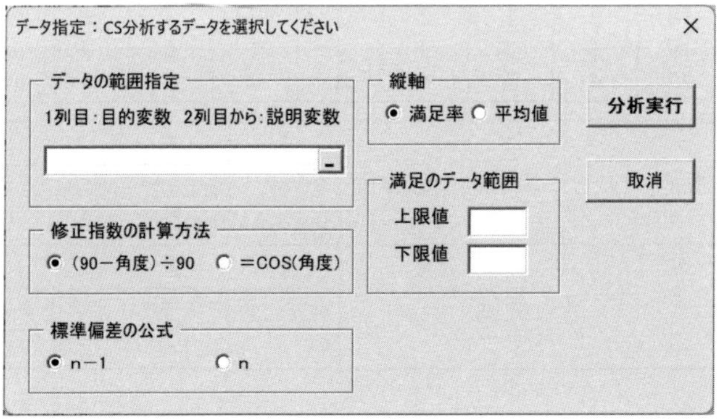

◆図5.7
［CS分析］の指定画面

❺ 次に示す指定を行ってください。

◆図 5.8
入力方法

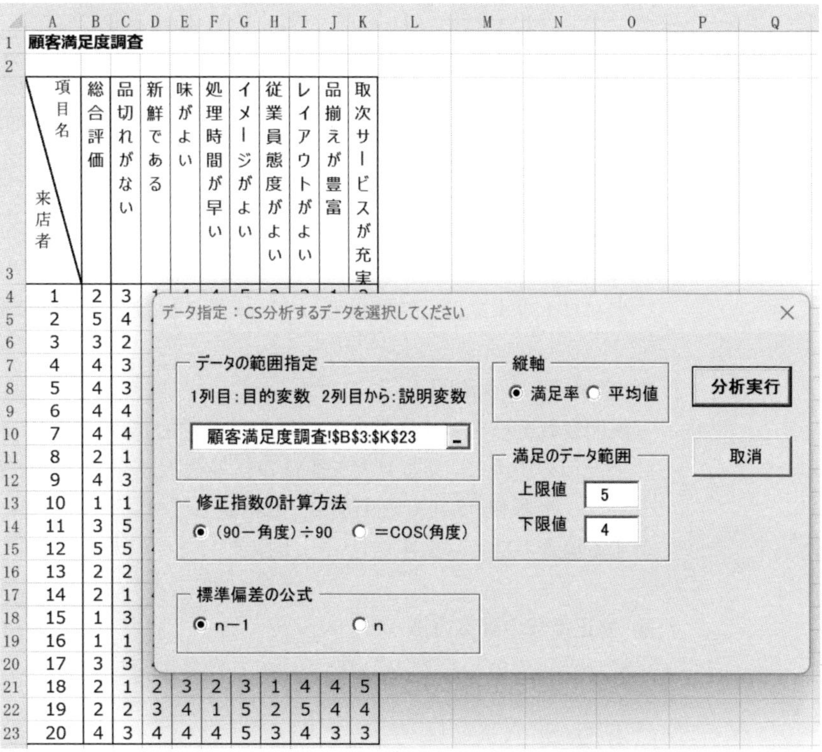

■ 範囲指定

目的変数（この例題では総合評価）のデータを1列目、説明変数のデータを2列目に入力します。

ラベルとデータを範囲指定します。

注 No.の列は指定しません。

説明変数の個数は2以上60以下です。

個体数（回答者数）は5以上10,000以下です。

■ 縦軸（目的変数）

散布図の縦軸は目的変数（総合評価）の満足度となります。

満足度は、満足率、平均値のいずれかを指定します。

● データ

回答者No	総合評価
1	2
2	5
3	3
4	4
5	4
⋮	⋮

満足率

1 非常に 悪い	2 やや 悪い	3 普通	4 やや 良い	5 非常に 良い	計
3 15	6 30	3 15	6 30	2 10	20人 100%

統合4、5➡40%

平均値　(2＋5＋3＋4＋4＋…)÷20=58÷20=2.9

当ソフトウェアは、数値以外のデータあるいはスペースは分析から除外します。

■ 満足のデータ範囲

説明変数データの「満足度」の場合に有効です。

上記例のように、4番目と5番目の回答選択肢を2つ合わせたものを満足度とする場合、上限値 5 ～下限値 4 と指定します。「5　非常に良い」のみを満足度とする場合の指定は上限値 5 ～下限値 5 とします。

■ 修正指数の計算方法

87ページで示した2つの方法のいずれかを指定します。

出力結果

分析実行 をクリックすると解析結果が新規シートに出力されます。

◆表5.9 評価項目改善度

評価項目	満足率	相関係数	改善度
品切れがない	25.0	0.7313	14.92
従業員態度が良い	5.0	0.2403	7.02
新鮮である	35.0	0.4915	2.64
処理時間が早い	35.0	0.4090	0.40
品揃えが豊富	45.0	0.4890	−1.13
レイアウトが良い	30.0	0.1745	−3.97
イメージが良い	30.0	0.1392	−4.94
味が良い	50.0	0.4044	−5.40
取次サービスが充実	45.0	0.2512	−10.23

出力された満足率を縦軸、相関係数を横軸に取り散布図を作成します。

散布図は下記画面の散布図で描くことができます。

❶ メニューバーの散布図を指定し、実行ボタンを押すと次画面が表示されます。

◆図 5.9
［散布図］の
指定画面

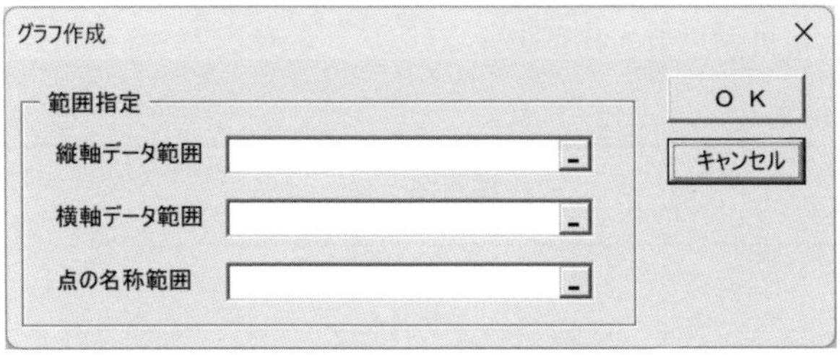

❷ 次に示す指定を行ってください。

◆図 5.10
入力方法

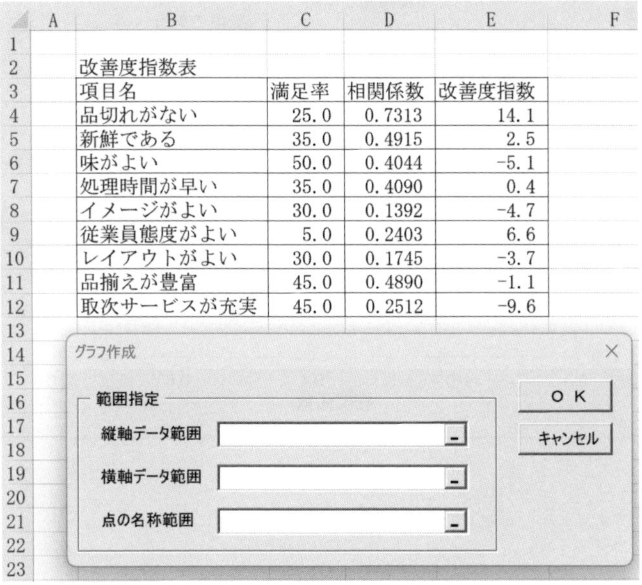

	A	B	C	D	E	F
1						
2		改善度指数表				
3		項目名	満足率	相関係数	改善度指数	
4		品切れがない	25.0	0.7313	14.1	
5		新鮮である	35.0	0.4915	2.5	
6		味がよい	50.0	0.4044	-5.1	
7		処理時間が早い	35.0	0.4090	0.4	
8		イメージがよい	30.0	0.1392	-4.7	
9		従業員態度がよい	5.0	0.2403	6.6	
10		レイアウトがよい	30.0	0.1745	-3.7	
11		品揃えが豊富	45.0	0.4890	-1.1	
12		取次サービスが充実	45.0	0.2512	-9.6	

■ 範囲指定

縦軸データ、横軸データの範囲を指定します。

ラベルとデータを指定してください。

■ 点の名称範囲

散布の名称を範囲指定します。

ラベルと名称を指定してください。

注 No. の列は指定しません。

出力結果

下記の結果が出力されます。

◆図5.11
散布図

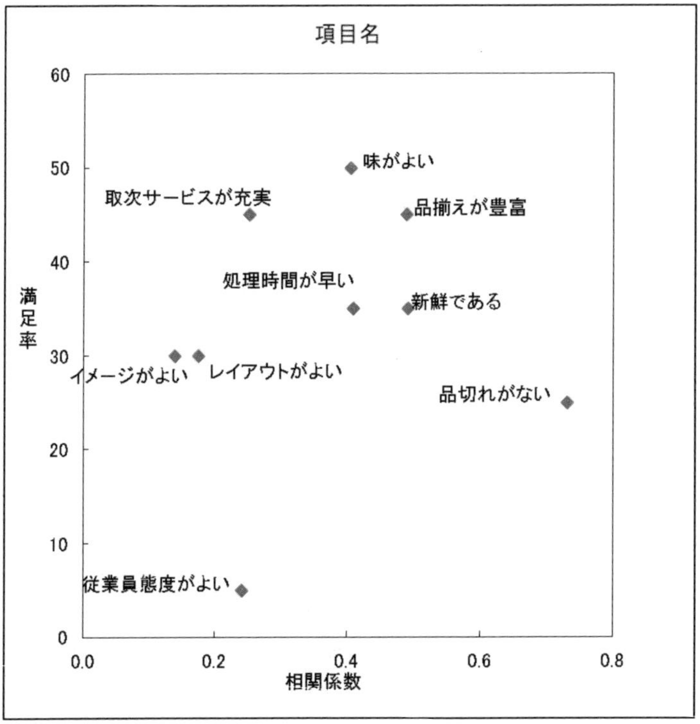

第2部

多変量解析法

第１部では多変量解析に必要な基本的統計解析手法を学びました。多変量解析には数多くの手法がありますが、ここでは多変量解析法の代表的な手法である重回帰分析、主成分分析、コンジョイント分析について解説します。

第6章

多変量解析の概要

6.1 多変量解析とはなにか

第1部で多変量解析を理解するうえで必要な統計解析手法を学びました。ところで多変量解析とはどういう手法なのでしょうか。

多変量解析とは多くの変数（項目）を取り扱い、変数相互の関係を関係式で表現し、作成した関数式を用いていろいろなテーマを解決する手法のことです。

ここで具体的な例を見ながら、多変量解析がどのような手法であるかを理解しましょう。

次の表は、ある会社の6営業所における売上額と広告費および営業担当者数を示したものです。

◆表6.1 営業所のデータ

変数 営業所	売上額（y） （千万円）	広告費（x_1） （百万円）	営業担当者数（x_2） （人）
A	8	5	6
B	9	5	8
C	13	7	10
D	11	5	11
E	14	8	12
F	17	12	13
G	?	13	14

この表を見ると、広告費や営業担当者数が多い営業所は、売上額が大きくなっています。そこで、新設するG営業所は、他の営業所より広告費や営業担当者数を多めに設定し、売上額で1位の店になるようにしたいと考えます。このような設定に対し、G営業所の売上額はどれほど見込めるのか、多変量解析を用いて調べることにします。

上記データに多変量解析を用いると、次の関係式が出力されます。

$$y = 0.6785x_1 + 0.6377x_2 + 0.8739 \qquad \cdot\cdot\cdot（式6.1）$$

y	$0.6785x_1$	$0.6377x_2$	0.8739
↑	↑	↑	↑
売上額	広告費	営業担当者数	定数項

多変量解析によって算出された関係式はいろいろなことを教えてくれますが、この例においては次の2点が明らかになります。

◆ 広告費や営業担当者数の売上貢献度

関係式の係数は、変数y、すなわち売上額の単位と同じになります。

広告費は0.6785千万円なので678.5万円、営業担当者数は0.6377千万円なので637.7万円となります。

入力したデータの広告費の単位は百万円ですので、広告費百万円の売上貢献度は678.5万円ということになります。

同様に営業担当者1人当たりの売上貢献度を調べると、637.7万円になります。

◆ G営業所の売上予測

関係式にA～Fの営業所における広告費と営業担当者数を代入し、推定売上額を計算してみます。

推定売上額は「理論値」ともいいます。

◆表6.2 推定売上額の計算手順

営業所	推定売上額	実績売上額
A	0.6785× 5＋0.6377× 6＋0.8739＝ 8.1	8
B	0.6785× 5＋0.6377× 8＋0.8739＝ 9.4	9
C	0.6785× 7＋0.6377×10＋0.8739＝12.0	13
D	0.6785× 5＋0.6377×11＋0.8739＝11.3	11
E	0.6785× 8＋0.6377×12＋0.8739＝14.0	14
F	0.6785×12＋0.6377×13＋0.8739＝17.3	17

どの営業所も、推定売上額と実績売上額はほぼ一致します。

このことから、この関係式は予測に使えると判断し、G営業所の売上予測を行います。

G営業所の売上数＝0.68×13＋0.64×14＋0.87＝18.7

これより、G営業所の売上は1億8700万円が見込まれると判断できます。

第6章

別の例を紹介します。

新人タレントを発掘するために、芸能プロダクションはいろいろなコンテストを行っています。

表6.3は、あるコンテストにおける受験者の歌唱力、瞬間芸、ものまね、踊り、容姿の成績を示したものです。

◆表6.3 コンテストの成績

受験者	歌唱力	瞬間芸	ものまね	踊り	容姿
A	7	8	7	6	5
B	9	9	9	7	8
C	5	8	7	8	5
D	6	7	5	8	9
E	3	7	4	5	6
F	7	6	5	8	8
G	5	5	7	7	6
H	6	6	6	4	5
I	7	5	4	7	7
J	6	5	5	6	5

この成績から、各人のタレントとしての総合力、アイドル系・お笑い系の能力を把握し、採用の有無、採用後のキャラクター作りの決定を判断したいと思います。このテーマを解決するために、多変量解析を用いると、次の関係式が出力されます。

$$y=0.57x_1 + 0.42x_2 + 0.53x_3 + 0.31x_4 + 0.34x_5 \quad \cdots（式6.2）$$

$$y=0.09x_1 - 0.32x_2 - 0.52x_3 + 0.44x_4 + 0.66x_5 \quad \cdots（式6.3）$$

↑歌唱力　↑瞬間芸　↑ものまね　↑踊り　↑容姿

この関係式から次の2点が明らかになりました。

◆ 評価項目の重要度

関係式が2つあり、（式6.2）はタレント総合能力を、（式6.3）はアイドル系・お笑い系の能力を明らかにする式となります。

（式6.2）の係数で値が大きい項目ほど、タレント総合能力を決めるのに重要な項目となります。（式6.3）は、係数の符号がプラスの項目はアイドル系を、マイナスの項目はお笑い系を決めるのに重要な項目となります。

関係式の係数をグラフ化し、各項目の重要度を調べてみます。

◆図6.1
係数の横棒グラフ

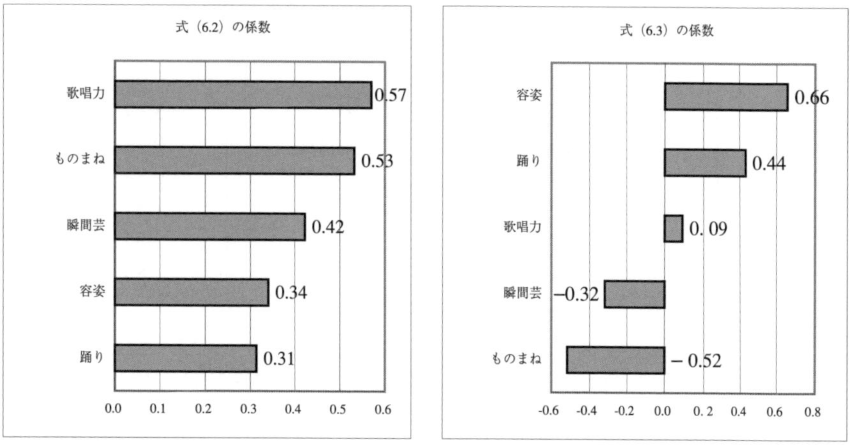

図6.1から判明することを整理します。

■タレント総合能力（式6.2）

タレント総合能力を評価するのに、一番重要なのは「歌唱力」で次に「ものまね」となります。5つの中では「踊り」の重要度は一番低い結果となっています。

■タレント系別能力（式6.3）

係数がプラスの「容姿」「踊り」はアイドル系を、マイナスの「ものまね」「瞬間芸」はお笑い系を評価するのに重要な項目となります。「歌唱力」はアイドル系、お笑い系どちらにも重要なので係数は0に近い値になっています。

◆ 受験者の合否判定、採用後のキャラクター決定

（式6.2）に受験者の評価点を代入し、各人の得点を算出します。求められたA～Jの10人の平均値を求め、各人の得点から平均を引いた値を総合能力とします。総合能力の高い人、例えば値がプラスの人を合格とすれば、表6.4のとおり合格者はA、B、C、D、Fとなります。

◆表6.4
総合能力の
計算方法

受験者	得点
A	14.62
B	18.63
C	14.16
D	14.60
E	10.40
F	14.41
G	12.92
H	12.10
I	12.80
J	11.77
平均	13.65

個々の得点から
平均13.65を引く

総合能力
1.03
4.98
0.51
0.96
−3.24
0.76
−0.73
−1.55
−0.84
−1.88

例：Aの得点　0.57×7＋0.42×8＋0.53×7＋0.31×6＋0.34×5＝14.62

（式6.3）に受験者の評価点を代入し、各人の得点を算出します。

求められた10人の得点の平均値を求め、得点から平均値を引いた値を系別能力とします。

系別能力がプラスで値が大きい人はD、F、Iです。マイナスで絶対値が大きい人はA、H、Cです。

◆表6.5
系別能力の
計算方法

受験者	得点
A	0.37
B	1.57
C	1.03
D	5.10
E	2.07
F	4.85
G	2.21
H	0.53
I	4.60
J	2.25
平均	2.45

個々の得点から
平均を引く

系別能力
−2.12
−0.89
−1.43
2.64
−0.39
2.40
−0.24
−1.92
2.15
−0.21

縦軸が総合能力、横軸が系別能力の点グラフ（図6.2）を作成します。

縦方向に0（ゼロ）より上に位置するB、A、D、F、Cを合格とし、合格者のキャラクターは横方向の右に位置するF、Dをアイドル系、左方向に位置するA、Cをお笑い系とします。

なお、Bは総合能力がずばぬけて高く、アイドル系、お笑い系の中間的位置に存在することからマルチタレントとします。

◆図6.2
得点の散布図

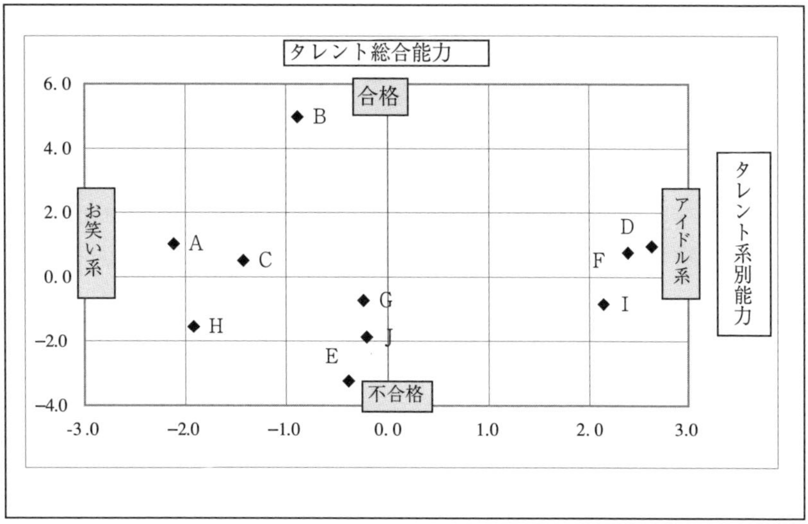

2つの例を紹介しましたが、**多変量解析は関係式から項目（変数）の貢献度や重要度、個体（営業所や受験者）の予測値や能力点を明らかにする手法**であることを理解してください。

6.2 多変量解析の種類

先の「例」における関係式の一部を再掲します。

$$y = 0.6785x_1 + 0.6377x_2 + 0.8739 \quad \cdots（式6.1）$$

↑売上額　↑広告費　↑営業担当者数　↑定数項

$$y = 0.57x_1 + 0.42x_2 + 0.53x_3 + 0.31x_4 + 0.34x_5 \quad \cdots（式6.2）$$

↑歌唱力　↑瞬間芸　↑ものまね　↑踊り　↑容姿

多変量解析では、関係式の左辺にある項目を**目的変数**、右辺にある項目を**説明変数**といいます。

最初の例（表6.1）の目的変数は「売上額」、後の例（表6.3）の目的変数は「総合能力」と「系別能力」でした。

表6.1では目的変数である「売上額」がデータとして存在するのに対し、表6.3においては目的変数である「総合能力」や「系別能力」が存在しません。「総合能力」や「系別能力」は多変量解析という手法が生み出した新しい概念の変数です。統計学では、新しい概念の変数のことを潜在変数といいます。

多変量解析はいろいろな手法がありますが、大別すると2つに分かれ、その判別基準は目的変数のデータが存在するか否かです。大別された名称は**「目的変数がある場合の多変量解析」「目的変数がない場合の多変量解析」**となります。

◆ 目的変数がある場合の多変量解析

目的変数がある場合の多変量解析は、目的変数と説明変数との関係を調べ、関係式を作成し、その関係式を用いて次の事柄を明らかにします。

① **説明変数の目的変数への貢献度、重要度**

② **予測**

③ **判別**

①、②は前述の例で明らかにしたとおりです。

③の「判別」を明らかにする例を次に紹介します。

判　別

下の表は、ガン患者5人と非ガン患者5人の計10人について、ガンが発見される前の飲酒量とタバコの喫煙本数の調査を行った結果です。

◆表6.6
飲酒量と喫煙本数

変数 / 人	y ガンの有無	x_1 飲酒量 （日／1カ月）	x_2 タバコ喫煙本数 （本／1日）
A	ガン患者	30	40
B	ガン患者	15	20
C	ガン患者	10	35
D	ガン患者	20	15
E	ガン患者	0	30
F	非ガン患者	5	10
G	非ガン患者	10	0
H	非ガン患者	0	4
I	非ガン患者	15	25
J	非ガン患者	0	6
W	?	25	15

注. 飲酒量x_1
あなたは、病気が発見される前の1年間、1カ月平均で何日くらいお酒を飲んでいましたか。

タバコ喫煙本数x_2
あなたは、病気が発見される前の1年間、1日のタバコ喫煙本数はどのくらいでしたか。

ガンの有無を目的変数に、2つの調査結果を説明変数にとり、目的変数のある場合の多変量解析を行い、次なる関係式を得ました。

$$y = 0.0537x_1 + 0.1758x_2 - 3.816 \quad \cdots（式6.4）$$

↑ ガンの有無　↑ 飲酒量　↑ タバコ喫煙本数

この式にA～Jの人たちの調査結果を代入して得点を求めると、ガンである人はほとんどがプラス（+）、ガンでない人はマイナス（−）となったので、この式はガン判別に適用できると判断しました。

そこでA～Jとは別のWさんについて、この式を用い、ガンの判別を行ってみました。

Wさんの調査結果　　飲酒量…25日／1カ月　　タバコ喫煙本数…15本／1日

Wさんのガン判別得点 $= 0.0537 \times 25 + 0.1758 \times 15 - 3.816 = 0.1635$

これよりWさんの値はプラスなのでガンの可能性があると判定します。

〈売上予測〉と〈ガン判別〉の違いは、目的変数のデータ形態が前者が数量データ、後者がカテゴリーデータであることです。

目的変数のある場合の多変量解析を用いる場合、目的変数のデータ形態に合わせて解析方法を選択しなければなりません。

目的変数が数量データの場合は**重回帰分析**、カテゴリーデータである場合は**判別分析**という手法を適用します。

◆ 目的変数がない場合の多変量解析

目的変数がない場合の多変量解析は、説明変数相互の関係を調べ、新しい概念の目的変数を導く関係式を作成します。この関係式を用い、次の事柄を明らかにします。

① 説明変数の目的変数（潜在変数）への貢献度、重要度
② 個体の「潜在変数」での評価

先の「例」をおさらいしてみます。

潜在変数である「タレント総合能力」「系別能力（アイドル系・お笑い系）」を導く関係式を作成し、次の2点を明らかにしました。

① 評価項目の重要度
② 個々の受験者における潜在変数の「タレント総合能力」「系別能力」での評価

このテーマを解決してくれる手法が**主成分分析**という手法です。

主成分分析を行った別の例を紹介します。

◆表6.7
データ：テスト成績（得点）

	数学	国語	英語
A	90	65	55
B	46	50	50
C	63	63	58
D	50	40	48
E	55	32	40

$$y_1 = 0.6297x_1 + 0.5924x_2 + 0.5026x_3 \quad \cdots（式6.6）$$

$$y_2 = 0.1997x_1 + 0.5017x_2 - 0.8417x_3 \quad \cdots（式6.7）$$

↑　↑　↑
国語　英語　数学

◆図6.3
係数の横棒グラフ①

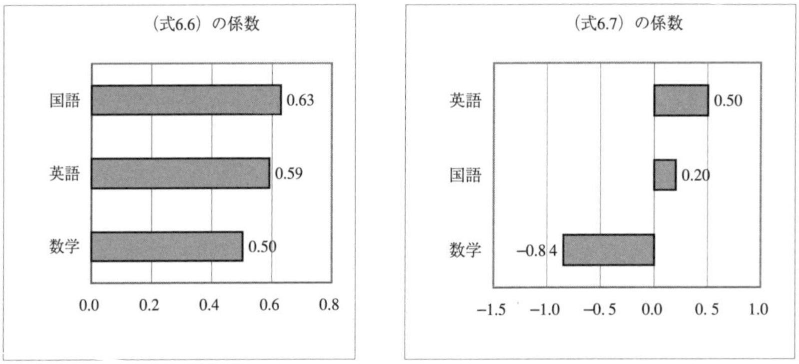

図6.1の説明より、（式6.6）は総合学力、（式6.7）は系別能力（文系・理系）を表す式であることがわかります。分析の目的によっては総合学力は必要なく、文系能力と理系能力がわかればよいということもあるでしょう。目的変数のない場合の多変量解析には**因子分析**という手法があります。これにより、次の関係式が得られました。

$$y_1 = 0.8929x_1 + 0.9710x_2 + 0.2945x_3 \quad \cdots（式6.8）$$

$$y_2 = 0.4374x_1 + 0.2214x_2 + 0.9552x_3 \quad \cdots（式6.9）$$

↑　↑　↑
国語　英語　数学

◆図6.4
係数の
横棒グラフ②

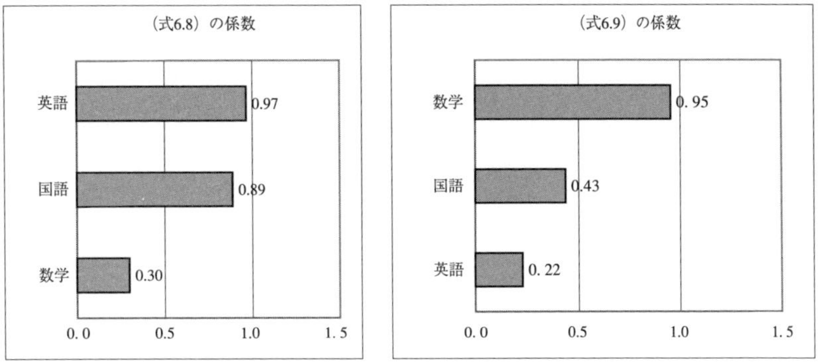

（式6.8）、（式6.9）いずれの係数も全てプラスです。係数の値が大きい項目（一般的に0.5以上）に着目します。（式6.8）は英語と国語、（式6.9）は数学が0.5を上回りました。

このことから（式6.8）は文系能力を、（式6.9）は理系能力を調べる式と判断します。

因子分析という手法は、1つの関係式の中の係数の値が大きいものと小さいものがあり、大きい値に着目し、その項目が意味するところの概念を新しい変数として定義するものです。

この例では英語、国語が「大」であるから文系能力、数学が「大」であるから理系能力と定義しました。

したがって因子分析は1つの関係式が1つの概念を定義し、主成分分析のように1つの関係式でアイドル系、お笑い系といった反対概念の式は存在しません。

目的変数のない場合の多変量解析を行う場合、分析のテーマで総合力を考えるなら主成分分析、そうでなければ因子分析を適用すると覚えておいてください。

多変量解析の手法をまとめると、次の表のとおりになります。

◆表6.8
多変量解析の
手法

		目的変数	手法名	メインテーマ	参照例
目的変数	ある場合	数量データ	重回帰分析 拡張型数量化1類 （別名：マルチ回帰1類）	予測	表6.1
		カテゴリーデータ	判別分析 拡張型数量化2類 （別名：マルチ回帰2類）	判別	表6.6
	ない場合		主成分分析	総合力を分析	図6.3
			因子分析	1つの関係性が1つの新しい概念	図6.4

第7章

重回帰分析

7.1 重回帰分析で明らかにできること

重回帰分析は、目的変数と説明変数との関係を調べ、関係式を作成し、その関係式を用いて、次の事柄を明らかにする手法です。

① 関係式に用いた説明変数の目的変数に対する貢献度（影響度、重要度）
② 関係式に用いた説明変数の重要度ランキング
③ 予測モデル式の作成
④ 予測値、潜在能力の算出

①③は先に述べた表6.1の例で紹介しました。
②は7.5で学習します。
④は例題7-6で取り上げます。

7.2 重回帰分析で適用できるデータ

目的変数は数量データでなければなりません。

注 どのような性格の人がどの血液型であるかを調べるために、血液型を目的変数、性格を説明変数として多変量解析を行う場合、血液型はカテゴリーデータなので重回帰分析は適用できません。この場合は判別分析を適用します。

◆ ダミー変数

説明変数は、数量データ、カテゴリーデータどちらも使用できます。ただし、カテゴリーデータ（下記の性別、血液型）の場合、次に示す例題でのデータ変換をしてから重回帰分析を行います。

どのような属性の人において海外旅行の回数が多いかを明らかにするために、アンケート調査によって次のデータを収集しました。

◆表7.1
アンケート調査のデータ

No.	海外旅行回数	性別	年令（才）	血液型
1	0	男性	49	A
2	7	女性	28	B
3	3	女性	32	A
4	6	女性	55	O
5	2	男性	25	AB
⋮	⋮	⋮	⋮	⋮
99	4	女性	40	A
100	3	男性	33	O

性別、血液型はカテゴリーデータなので次の変換を行います。対象者が当該カテゴリーに該当すれば1、そうでなければ0とします。1、0のデータのことをダミー変数といいます。

カテゴリーデータ		ダミー変数	
性別		男性	女性
男性	→	1	0
女性	→	0	1

重回帰分析では女性の列（男性の列でも良い）は使いません。

カテゴリーデータ		ダミー変数			
血液型		A	O	B	AB
A	→	1	0	0	0
O	→	0	1	0	0
B	→	0	0	1	0
AB	→	0	0	0	1

重回帰分析では1番最後の列ABは使いません。

下記は表7.1をダミー変数に変換した結果です。

◆表7.2
ダミー変数

No.	男性	年令	A	O	B
1	1	49	1	0	0
2	0	28	0	0	1
3	0	32	1	0	0
4	0	55	0	1	0
5	1	25	0	0	0
⋮	⋮	⋮	⋮	⋮	⋮
99	0	40	1	0	0
100	1	33	0	1	0

上記に女性の変数は存在しませんが、男性の列で「0」の人が女性です。

同様にAB型の変数もありませんが、A型→0　O型→0　B型→0の人がAB型となります。

◆ 説明変数と個体の数

個体の数をn、説明変数の数をqとしたとき、重回帰分析では次の式が満たされなければなりません。

$n-q-1>0$

表7.2におけるqは、性別、年齢、血液型の「3」ではなく、変換後の「5」となります。

この例における$n-q-1$を計算すると

$n-q-1=100-5-1=94>0$で重回帰分析は実行できます。

この例においてはnが6以下だと重回帰分析は行えません。

7.3 重回帰式の係数はどのように求めるか

表6.1のデータと重回帰分析より得られた関係式を再掲します。

◆表7.3
表6.1のデータ（再掲）

変数 / 営業所	売上額（y）（千万円）	広告費（x_1）（百万円）	営業担当者数（x_2）（人）
A	8	5	6
B	9	5	8
C	13	7	10
D	11	5	11
E	14	8	12
F	17	12	13
G	?	13	14

$$y = 0.6785x_1 + 0.6377x_2 + 0.8739 \quad \cdots（式7.1）$$

↑売上額　↑広告費　↑セールスマン数　↑定数項

上記関係式を重回帰分析では重回帰式、重回帰式の中の係数を**回帰係数**といいます。回帰係数はどのようにして求めるかを説明します。

回帰係数の算出方法を説明する前に、次の例題を解いてみましょう。

例題 7-1

次の式の[　　]の中に適当な数値を入れて、左辺と右辺が等しくなるようにしてください。

A営業所の売上 → 8(千万円)
A営業所の広告 → 5(百万円)
A営業所の営業担当者数 → 6(人)

8(千万円) = [ア] × 5(百万円) + [イ] × 6(人) + [ウ]

解　答

いかがでしょうか。答えはいくつでもありますね。例えばア = 0.4、イ = 0.5、ウ = 3とすれば8 = 0.4 × 5 + 0.5 × 6 + 3が成立します。

続けて次の例題を解いてみましょう。

例題 7-2

例題7-1の答は、A営業所についてのみ左辺と右辺が等しくなります。

A～F全ての営業所について左辺と右辺が同時に等しくなる[ア][イ][ウ]をみつけなさい。

解　答

例題7-2の答として、例題7-1と同じア = 0.4、イ = 0.5、ウ = 3を代入してみます。

◆表7.4 ア、イ、ウの計算

営業所	左辺	右辺	一致
A	8	0.4 × 5 + 0.5 × 6 + 3 = 8	○
B	9	0.4 × 5 + 0.5 × 8 + 3 = 9	○
C	13	0.4 × 7 + 0.5 × 10 + 3 = 10.8	×
D	11	0.4 × 5 + 0.5 × 11 + 3 = 10.5	△
E	14	0.4 × 8 + 0.5 × 12 + 3 = 12.2	×
F	17	0.4 × 2 + 0.5 × 13 + 3 = 14.3	×

左辺と右辺が一致…○
やや一致…△
不一致…×

残念ながら、この答えだと、6つの営業所中3つはほぼ合いましたが、3つははずれです。

ご覧のように、手計算でこの例題を解くのは大変です。これを解決してくれるのが重回帰分析なのです。

それでは、重回帰分析が導いてくれた（式7.1）がどれほど素晴らしいものであるかを確かめてみましょう。

◆表7.5
理論値の計算手順

営業所	左辺	右辺
A	8	0.6785× 5+0.6377× 6+0.8739= 8.1
B	9	0.6785× 5+0.6377× 8+0.8739= 9.4
C	13	0.6785× 7+0.6377×10+0.8739=12.0
D	11	0.6785× 5+0.6377×11+0.8739=11.3
E	14	0.6785× 8+0.6377×12+0.8739=14.0
F	17	0.6785×12+0.6377×13+0.8739=17.3

左辺と右辺はぴったりは一致しませんが、どの営業所についてもほぼ近くなっています。

重回帰分析では、表7.5の左辺の値を**実績値**、右辺を**理論値**といいます。重回帰分析は、実績値と理論値が近くなるように、関係式の回帰係数を定めます。

◆ 回帰係数の算出方法

回帰係数の算出方法の考え方は、例題7-2で明らかにしました。算出方法はとても人間が手計算できるものではないと思われたと思います。ところが、例題7-2の考え方を公式化した統計学者がいました。なぜそのような公式で回帰係数が求められるかといった話は後述するとして、ここでは、この公式を使って係数を求めてみましょう。公式化されたといっても、説明変数の数が多いと手計算では手間になるので、説明変数が2つの表7.3のデータを使って計算します。

公　式

求める関係式を　$y = a_1x_1 + a_2x_2 + a_0$　とします

y ↑ 売上額　x_1 ↑ 広告費　x_2 ↑ 営業担当者数

このとき、求めるa_1、a_2は次の連立方程式によって求められます。

$$S_{11}a_1 + S_{12}a_2 = S_{y1}$$
$$S_{21}a_1 + S_{22}a_2 = S_{y2} \qquad \cdots(\text{式}7.2)$$

S_{11}とS_{22}は分散を求めるときの分子の値で偏差平方和といいます。
S_{12}とS_{21}は相関を求めるときの分子の値で積和といいます。

注. $S_{12} = S_{21}$

a_0は次の式によって求められます。

$$a_0 = \bar{y} - a_1\bar{x}_1 - a_2\bar{x}_2 \qquad \cdots(\text{式}7.3)$$

ただし、$\bar{y}$、$\bar{x}_1$、$\bar{x}_2$は売上額y、広告費x_1、営業担当者数x_2の平均です。

多変量解析の公式だから大変むずかしいものだと思われたかもしれませんが、ご覧のようにこの公式は、第1部で紹介した、すでにご存じの平均、分散、相関をベースに作られています。

◆表 7.6
平均

	売上額 y	広告費 x_1	営業担当者数 x_2
A	8	5	6
B	9	5	8
C	13	7	10
D	11	5	11
E	14	8	12
F	17	12	13
合　計	$\sum y$ 72	$\sum x_1$ 42	$\sum x_2$ 60
平　均	12.0	7.0	10.0

◆表 7.7
偏差平方和の計算手順

	$(y-\bar{y})^2$	$(x_1-\bar{x}_1)^2$	$(x_2-\bar{x}_2)^2$
A	$(-4)^2=16$	$(-2)^2=4$	$(-4)^2=16$
B	$(-3)^2=9$	$(-2)^2=4$	$(-2)^2=4$
C	$1^2=1$	$0^2=0$	$0^2=0$
D	$(-1)^2=1$	$(-2)^2=4$	$1^2=1$
E	$2^2=4$	$1^2=1$	$2^2=4$
F	$5^2=25$	$5^2=25$	$3^2=9$
偏差平方和	$S_{yy}=\sum(y-\bar{y})^2$ 56.0	$S_{11}=\sum(x_1-\bar{x}_1)^2$ 38.0	$S_{22}=\sum(x_2-\bar{x}_2)^2$ 34.0
分散	$V_y=\dfrac{\sum(y-\bar{y})^2}{n-1}$ 11.2	$V_1=\dfrac{\sum(x_1-\bar{x}_1)^2}{n-1}$ 7.6	$V_2=\dfrac{\sum(x_2-\bar{x}_2)^2}{n-1}$ 6.8
標準偏差	$\sigma_y=\sqrt{V_y}$ 3.3	$\sigma_1=\sqrt{V_1}$ 2.8	$\sigma_2=\sqrt{V_2}$ 2.6

◆表7.8 積和、相関の計算手順

	$(y-\bar{y})(x_1-\bar{x}_1)$	$(y-\bar{y})(x_2-\bar{x}_2)$	$(x_1-\bar{x}_1)(x_2-\bar{x}_2)$
A	$-4\times-2=8$	$-4\times-4=16$	$-2\times-4=8$
B	$-3\times-2=6$	$-3\times-2=6$	$-2\times-2=4$
C	$1\times0=0$	$1\times0=0$	$0\times0=0$
D	$-1\times-2=2$	$-1\times1=-1$	$-2\times1=-2$
E	$2\times1=2$	$2\times2=4$	$1\times2=2$
F	$5\times5=25$	$5\times3=15$	$5\times3=15$
積　和	$S_{y1}=\sum(y-\bar{y})(x_1-\bar{x}_1)$ 43	$S_{y2}=\sum(y-\bar{y})(x_2-\bar{x}_2)$ 40	$S_{12}=\sum(x_1-\bar{x}_1)(x_2-\bar{x}_2)$ 27
相　関	$r_{y1}=\dfrac{S_{y1}}{\sqrt{S_{yy}S_{11}}}$ 0.9321	$r_{y2}=\dfrac{S_{y2}}{\sqrt{S_{yy}S_{22}}}$ 0.9167	$r_{12}=\dfrac{S_{12}}{\sqrt{S_{11}S_{22}}}$ 0.7512

公式（式7.2）より

$$38\times a_1+27a_2=43 \qquad \cdots（イ）$$

$$27\times a_1+34a_2=40 \qquad \cdots（ロ）$$

中学校時代に学習した連立方程式の解きかたを思い出してください。

$$
\begin{array}{lll}
 & 34\times（イ） & 34\times38\times a_1+34\times27a_2=34\times43 \\
-） & 27\times（ロ） & 27\times27\times a_1+27\times34a_2=27\times40 \\
\hline
 & & (34\times38-27\times27)\times a_1=34\times43-27\times40 \\
 & & 563a_1=382 \\
 & & a_1=0.6785
\end{array}
$$

これに（イ）に代入すると

$$38\times0.6785+27\times a_2=43$$

$$27\times a_2=43-25.783$$

$$a_2=0.6377$$

公式（式7.3）より

$$a_0=\bar{y}-a_1\bar{x}_1-a_2\bar{x}_2=12.0-0.6785\times7.0-0.6377\times10.0=0.8739$$

注　連立方程式はExcelの「ソルバー」で解くことができます（付録　付-1をご覧ください）。

◆ 公式はどのように作られたか

表7.5において、左辺（実績値）と右辺（理論値）との差の2乗を求め、6営業所の合計を求めます。この値を**残差平方和**S_eといいます。

◆表7.9
残差平方和の計算手順

	実績値	理論値	差	差の2乗
A	8	8.092	−0.092	0.009
B	9	9.368	−0.368	0.135
C	13	12.000	1.000	1.000
D	11	11.281	−0.281	0.079
E	14	13.954	0.046	0.002
F	17	17.306	−0.306	0.093
				残差平方和 S_e 1.318

残差平方和が小さいほど、求められた重回帰式は良い式といえます。

そこで「残差平方和が最小となる重回帰式の係数を求めよ」という数学の問題を解くと、先の公式が求まります。

7.4 説明変数の目的変数に対する貢献度

（式7.1）の回帰係数は、実績値と理論値をできるだけ近くする値であることがわかりました。ところが、この係数の役割はそれだけではなく、それぞれの説明変数の目的変数に及ぼす貢献度も導いてくれます。

まずはじめに、係数にはデータ単位があり、目的変数のデータ単位と同じになることを知っておいてください。

（式7.1）は売上のデータ単位が1千万円なので、係数は次のようになります。

広告費の係数　　　　0.6785（千万円）→ 約679万円
営業担当者数の係数　0.6377（千万円）→ 約638万円

広告費のデータ単位は「百万円」、営業担当者数のデータ単位は「1人」でした。つまり、上記の係数から、広告費を百万円使うと売上額が679万円、営業担当者を1人投入すると売上が638万円増えることがわかります。このように、係数から「説明変数の目的変数に対する貢献度」がわかります。

7.5 説明変数の目的変数に対する重要度ランキング

表7.3の例で、売上額と営業担当者数のデータ単位はそのままで、広告費のデータ単位を**一万円**にして重回帰分析を行ってみます。

◆表7.10 営業所のデータ

変数／営業所	売上額（千万円）	広告費（一万円）	営業担当者数（人）
A	8	500	6
B	9	500	8
C	13	700	10
D	11	500	11
E	14	800	12
F	17	1200	13

すると、広告費のデータ単位が百万円のときに見込める売上額は679万円ですので、データ単位が1/100の一万円になれば、見込める売上額も1/100の6.79万円となります。これより係数も1/100の0.006785となります。このように、データ単位が変われば係数の値も変わります。したがって、関係式の回帰係数を比較し、値が

大きい説明変数ほど重要であるということにはならないのです。

■ 係数比較

広告費　百万円の場合　$y = \ \ 0.6785x_1 + 0.6377x_2 + 0.8739$　・・・（式7.4）

$$\neq \qquad\qquad = \qquad\qquad =$$

広告費　一万円の場合　$y = 0.006785x_1 + 0.6377x_2 + 0.8739$　・・・（式7.5）

↑　　　　↑　　　　↑

売上額　　広告費　営業担当者数

関数式の係数から、説明変数の目的変数に対する貢献度がわかりますが、売上を予測するのに、どの説明変数が重要であるかはわかりません。

重回帰分析では、回帰係数とは別の統計値「標準回帰係数」を算出し、この値を使って売上を予測するのに重要な説明変数のランキング（順番）を把握します。

◆ 標準回帰係数

説明変数のデータ単位の取り方によって関係式の係数の値は変わるので、係数の大小を比較しても、どの説明変数が重要なのかを明らかにすることはできません。

データ単位が同じならば、係数を大きい順に並べて、大きい説明変数ほど重要であるといえます。したがって、各説明変数のデータ単位が異なっていれば、データ単位を同じにして重回帰分析を行い、係数を求めれば良いのです。

ここでは、基準値という公式によってデータ単位をそろえることができます。

■ 基準値の公式

$$基準値 = \frac{(データ) - (平均)}{標準偏差}$$　・・・（式7.6）

ではさっそく、表7.10のデータの基準値を求めてみます。

◆表7.11 平均、標準偏差

	売上額	広告費	営業担当者数	
平　均	12	700	10	← 表7.6
標準偏差	3.3	276	2.6	← 表7.7

◆表7.12
基準値

	売上額	広告費	営業担当者数
A	−1.20	−0.73	−1.53
B	−0.90	−0.73	−0.77
C	0.30	0.00	0.00
D	−0.30	−0.73	0.38
E	0.60	0.36	0.77
F	1.49	1.81	1.15

{(データ) − (平均)} ÷ 標準偏差
= (500 − 700) ÷ 276 = −0.73

表7.12に対し重回帰分析を行います。

$$y = 0.5589x_1 + 0.4969x_2 + 0 \quad \cdots \text{(式7.7)}$$

↑ 売上額　↑ 広告費　↑ 営業担当者数　↑ 必ず0になる

（式7.5）における係数では広告費が営業担当者数より小さい値でしたが、（式7.7）では広告費が営業担当者数より大きい値になっています。これより売上予測するのに重要な変数は、営業担当者数より広告費であるといえます。

注　表7.3に基準値を求めると表7.12の値に一致するので、表7.3の基準値に対する重回帰式も（式7.7）に一致します。

基準化したデータに重回帰分析を行い求められた回帰係数を、**標準回帰係数**といいます。標準回帰係数は、データを基準値にして重回帰分析を行うという面倒なことをしなくても求めることができます。

公式　**標準回帰係数**

$$a_1' = a_1\sqrt{\frac{S_{11}}{S_{yy}}} \qquad a_2' = a_2\sqrt{\frac{S_{22}}{S_{yy}}} \quad \cdots \text{(式7.7)}$$

a_1'、a_2' は標準回帰係数
a_1、a_2 は回帰係数
S_{yy}、S_{11}、S_{22} は偏差平方和

公式を使って表7.3の標準回帰係数を求めてみます。

広告費　$a_1' = 0.6785 \times \sqrt{\frac{38}{56}} = 0.5589$

営業担当者数　$a_2' = 0.6377 \times \sqrt{\frac{34}{56}} = 0.4969$

a_1'、a_2'は（式7.7）の係数に一致します。

7.6 予測および分析精度

◆予　測

表7.5を参照してください。
実績値と理論値がこれだけ近ければ、（式7.1）は予測に使えると判断します。
この関係式を用いて、表7.3の新設G営業所の売上を予測してみましょう。

$$
\begin{aligned}
y &= 0.6785x_1 + 0.6377x_2 + 0.8739 \\
&= 0.6785 \times 13 + 0.6377 \times 14 + 0.8739 \\
&= 18.6
\end{aligned}
$$

これよりG営業所の売上予測は1億8600万円となります。

◆重回帰式の精度

重回帰分析は、実績値と理論値とが近くなるように関係式の係数を見つける手法であることを、先に述べました。

それでは、重回帰分析を適用すれば、どんな場合でも実績値と理論値が近くなるのでしょうか。結論からいうと、用いる説明変数が目的変数に関係のないものばかりであれば、理論値を実績値に近づけることはできません。

表7.3のデータを次に示す相関図（図7.1）で表してみると、広告費が大きければ売上額が大きくなり、両者に高い相関があることがわかります。同様に営業担当者数と売上額の相関図から、両者の間にも高い相関があることがわかります。このように、売上額と相関の高い説明変数を用いたので、実績値と理論値とは近づいたのです。

仮に、売上額と相関のない営業所所長のゴルフのハンディや年令を説明変数にしたら、実績値と理論値とは近づきません。

◆図7.1
相関図

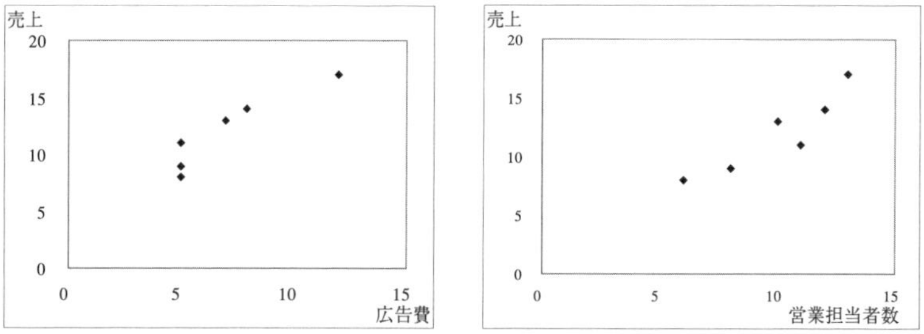

上手な説明変数の選択方法は後ほど説明すること（7.7　説明変数の選択）にして、ここでは、説明変数の選択が良ければ実績値と理論値が近づき、重回帰分析を首尾よく終了できることを理解してください。

実績値と理論値が近くなるほど、「分析の精度」が良い、あるいは重回帰式の当てはまり具合が良いともいいます。

予測は重回帰式を使って行うので、精度の悪い重回帰式ではそれができないということになります。

分析の精度を1つの数値で表すことができれば、この尺度を用いて、求められた重回帰式が予測に使えるかどうかを判断することができます。

表7.3の例について分析の精度を調べてみましょう。

実績値と理論値との差を残差または誤差といい、e_iで表します。

実績値をy_i、理論値を$\tilde{y}_i$で表すと、e_iは次によって求められます。

$$e_i = y_i - \tilde{y}_i \qquad \cdot\cdot\cdot（式7.8）$$

表7.13は表7.9と同じで、残差の2乗の小数桁数は第5位までを示しました。

◆表7.13
残差の2乗

	実績値	理論値	残差	残差の2乗
A	8	8.092	−0.092	0.00853
B	9	9.368	−0.368	0.13518
C	13	12.000	1.000	1.00000
D	11	11.281	−0.281	0.07876
E	14	13.954	0.046	0.00213
F	17	17.306	−0.306	0.09333
計	72	72.000	0.000	1.31793

残差が小さいほど分析精度が良いことは、おわかりでしょう。そこで残差の合計を作ってみます。残差の合計は0になります。この例だけではなくどのような場合にも0になります。したがって残差の合計は、分析の精度を知る尺度としては使えません。

そこで統計学でよく使うテクニックですが、残差の2乗を計算し、これを合計してみます。この値を**残差平方和**といい、S_eで表します。

$$S_e=\sum(e_i)^2=\sum(y_i-\tilde{y}_i)^2 \qquad \cdot\cdot\cdot（式7.9）$$

残差平方和S_eは1.31793で、0ではありません。したがってS_eが分析の精度を知る尺度として使えそうです。

表7.7で目的変数yの偏差平方和$S_{yy}=56$を求めました。

いま、S_{yy}に対するS_eの割合を求め、これを1から引いた値をR^2とします。

$$R^2=1-\frac{S_e}{S_{yy}} \qquad \cdot\cdot\cdot（式7.10）$$

当てはまり具合が最も良い場合は、全ての営業所において、理論値が実績値と等しくなるときです。このとき$S_e=0$、（式7.10）より$R^2=1$となります。

当てはまり具合が最も悪い場合は、全ての営業所において理論値が目的変数yの平均値と等しくなるときです。このとき、$S_e=S_{yy}$となり、（式7.10）より$R^2=0$となります。

◆表7.14 当てはまり具合が良い場合、悪い場合の例

当てはまり具合が最も良い場合

全ての営業所において実績値＝理論値

	y	$\tilde{y}$	残差
A	8	8	0
B	9	9	0
C	13	13	0
D	11	11	0
E	14	14	0
F	17	17	0
			$S_e=0$

最も良い　：$S_e=0$

当てはまり具合が最も悪い場合

全ての営業所において実績値＝yの平均

	y	$\tilde{y}$	残差
A	8	12	16
B	9	12	9
C	13	12	1
D	11	12	1
E	14	12	4
F	17	12	25
			$S_e=56$

最も悪い　：$S_e=56$

yの偏差平方和に一致

$S_e=S_{yy}$

いままで述べてきたことからわかるように、R^2は分析の精度を表す尺度となります。

R^2を**決定係数**または寄与率といいます。

表7.3の例について、決定係数を求めてみます。

$S_{yy}=56 \qquad S_e=1.31793$

$$R^2=1-\frac{S_e}{S_{yy}}=1-\frac{1.31793}{56}=0.9765$$

留意点

決定係数が0.9765だから、この式の精度が97.7%だということではありません。%で精度を表示したいときは次のようにします。

表7.13の残差の絶対値を実績値で割ります。この値が分析者が決めた値（この例では5%）より小さければ◎印、そうでなければ×印をつけます。

◆表7.15
精度の判定

	① 実績値	② 残差絶対値	$\frac{100\times②}{①}$	判定
A	8	0.092	1.15%	◎
B	9	0.368	4.09%	◎
C	13	1.000	7.69%	×
D	11	0.281	2.55%	◎
E	14	0.046	0.33%	◎
F	17	0.306	1.80%	◎

◎印が全個体数のうちいくつあるかを調べます。

$$\text{精度}=\frac{\text{◎の数}}{\text{個体数}}=\frac{5}{6}\rightarrow 83.3\%$$

これより分析精度は83%となります。

留意点

表7.13における実績値と理論値の単相関係数を算出すると、次の値になります。

$r=0.9882$

r^2を計算します。

$r^2=0.9882^2=0.9765$

r^2は決定係数R^2と一致します。

rのことを重回帰式より求められた相関ということで、**重相関係数**といいます。したがって次の式が成立します。

$$\text{決定係数}=(\text{重相関係数})^2$$

◆ 個体数が少ない場合の精度 － 自由度修正済の決定係数

表7.3の例では、説明変数が広告費と営業担当者数の2つです。もしもこの例に、説明変数として、売上額にほとんど関係のない「営業所長のゴルフのハンデ」を加えて重回帰分析を行ったら、決定係数はどうなると思いますか。

決定係数の値はわずかではありますが大きくなります。どんなつまらない説明変数でも、変数を増やすほど決定係数は大きくなります。極端な場合として、個体数をn、説明変数の数を$q=n-1$とすると、R^2は必ず1になります。

個体数が$n=3$、説明変数が$q=n-1=3-1=2$の例で、このことを確かめてみましょう。

表7.3の3営業所について、重回帰式を求めてみます。

◆表7.16 データと平均

	売上額 (y)	広告費 (x_1)	営業担当者数 (x_2)
A	8	5	6
B	9	5	8
C	13	7	10
合計	30	17	24
平均	10.000	5.667	8.000

◆表7.17 偏差

	y	x_1	x_2
A	−2.000	−0.667	−2.000
B	−1.000	−0.667	0.000
C	3.000	1.333	2.000
合計	0.000	0.000	0.000

◆表7.18 偏差平方和

	S_{yy}	S_{11}	S_{22}
A	4.000	0.444	4.000
B	1.000	0.444	0.000
C	9.000	1.778	4.000
合計	14.000	2.667	8.000

◆表7.19 積和

	S_{y1}	S_{y2}	S_{12}
A	1.333	4.000	1.333
B	0.667	0.000	0.000
C	4.000	6.000	2.667
合計	6.000	10.000	4.000

$$\begin{cases} S_{11}a_1 + S_{12}a_2 = S_{y1} \\ S_{21}a_1 + S_{22}a_2 = S_{y2} \end{cases}$$

$$\begin{cases} 2.667a_1 + 4.0a_2 = 6.0 & \cdots(イ) \\ 4.0a_1 + 8.0a_2 = 10.0 & \cdots(ロ) \end{cases}$$

計　算

8×(イ)　$8 \times 2.667a_1 + 8 \times 4a_2 = 8 \times 6$

4×(ロ)　$4 \times 4a_1 + 4 \times 8a_2 = 4 \times 10$

$(8 \times 2.667 - 4 \times 4)a_1 = 48 - 40$

$5.336a_1 = 8 \qquad a_1 = 1.5$

a_1を（ロ）に代入すると

$4 \times 1.5 + 8 \times a_2 = 10$

$8a_2 = 10 - 6 \qquad a_2 = 0.5$

$a_0 = \overline{y} - a_1\overline{x}_1 - a_2\overline{x}_2$

$= 10 - 1.5 \times 5.667 - 0.5 \times 8 = -2.5$

これより重回帰式は　$y = 1.5x_1 + 0.5x_2 - 2.5$

理論値を求めます。

◆表7.20 理論値

	理論値	実験値
A	$1.5 \times 5 + 0.5 \times 6 - 2.5 = 8$	8
B	$1.5 \times 5 + 0.5 \times 8 - 2.5 = 9$	9
C	$1.5 \times 7 + 0.5 \times 10 - 2.5 = 13$	13

確かに理論値と実験値は一致しました。

一致するということは、決定係数が1になることです。

このことからもわかるように、決定係数の値が大きいからといって、分析がうまくいったということを意味するわけではありません。

決定係数は、次のことに注意して使いましょう。

決定係数

① 個体数がn、説明変数が$n-1$は分析できない。→決定係数が1になるため。

〈例〉

個体数	説明変数	個体数と説明変数の差
3	2	1つ以下は分析できない
4	2	2つ以上は分析できる

② 個体数と説明変数との差が2つ以上あっても、その差が小さい場合は決定係数は大きくなる傾向にあるので、次に示す公式を使うほうが良い。

$$R^{2'} = 1 - \frac{S_e/(n-q-1)}{S_{yy}/(n-1)} \quad \cdots \text{(式7.11)}$$

ただし、nは個体数、qは変数の数

この公式において、qが大きくなると重回帰式の精度が良くなり、S_eが小さくなりますが、同時に（$n-q-1$）も小さくなり、必ずしも$S_e/(n-q-1)$は小さくなるとはいえません。したがって$R^{2'}$は、説明変数が増えても大きくなるとは限りません。

$R^{2'}$を**自由度修正済決定係数**といいます。

表7.13について自由度修正済決定係数を求めてみます。

$$R^{2'} = 1 - \frac{S_e/(n-q-1)}{S_{yy}/(n-1)} = 1 - \frac{1.31793/(6-2-1)}{56/(6-1)} = 1 - \frac{0.43931}{11.2} = 0.9608$$

当然ながらR^2(0.9765) に比べ、$R^{2'}$は小さくなります。

◆ 決定係数はいくつ以上あれば良いか

決定係数（自由度修正済決定係数）はいくつ以上あれば良いかと、よく質問されます。残念ながらいくつ以上あれば良いという統計的基準はありません。この基準は、分析者が経験的な判断から決めることになります。

筆者は、次のように決めていますが、皆さんはいかがでしょうか。

	決定係数	重相関係数
分析の精度が非常に良い	0.8以上	0.9以上
分析の精度がやや良い	0.5以上	0.7以上
分析の精度が良くない	0.5未満	0.7未満

◆ 決定係数を検定する

上記よりわかるように、筆者は0.5（重相関では0.7）を目安にしています。ところがこの基準をクリアしても、重回帰式を予測に使えないことがあります。

このことを次の例で考えてみましょう。

次の例は例題7-6で紹介しているものです。

ある中学校の3年男子300人からランダムに10人を選んで、ボール投げの測定結果とその生徒の身長、体重、握力を調べました。

このデータに重回帰分析を適用し、この中学校3年男子全員の、ボール投げの潜在能力を推定する関係式を作成しました。

$$y = 0.4926x_1 + 0.0884x_2 + 0.3558x_3 - 70.79$$

y	x_1	x_2	x_3
↑	↑	↑	↑
ボール投げの距離	身長	体重	握力

決定係数は　$R^2 = 0.9687$、自由度修正済決定係数は　$R^2 = 0.9485$

となりました。どちらも0.8以上の基準を超え、分析がうまくいったことが伺えます。そこでこの式を使い、さっそく全生徒の潜在能力を算出しました。

ところがよく考えてみると、たった10人の生徒で作った関係式で、残りの290名を推定するなんておかしいのではないかという疑問がわいてきました（別の10人について重回帰式を作成したら、決定係数は低いかもしれません）。

このような場合、決定係数の検定をしなければなりません。検定を行ってみると、例えば決定係数は高くても、個体数が少ないために決定係数は有意でない（重回帰式は予測に使えない）といった結論になることもあります。

表7.7で示した目的変数yの**偏差平方和**S_{yy}は、**残差平方和**S_eと**回帰平方和**S_Rとに分解できます。

回帰平方和（S_R）	残差平方和（S_{yy}）
偏差平方和（S_e）	

偏差平方和：実績値と平均の差の2乗和　　$S_{yy} = \sum (y_i - \bar{y})^2$

回帰平方和：理論値と平均の差の2乗和　　$S_R = \sum (\hat{y}_i - \bar{y})^2$

残差平方和：実績値と理論値の差の2乗和　　$S_e = \sum (y_i - \hat{y}_i)^2$

$$S_{yy} = S_R + S_e \quad \cdots（式7.12）$$

決定係数は$R^2 = 1 - S_e / S_{yy}$によって表されるので、決定係数が大きくなれば、S_eが小さくS_Rが大きくなります。

そこでS_eとS_Rの大きさを比較してみます。統計学の世界では、2つの平方和（変動ともいう）の比較とは、それぞれの不偏分散を求め、それらの比の大きさについて吟味するということです。

S_R、S_eの不偏分散をV_R、V_eとします。V_R、V_eは次によって求められます。

$$V_R = \frac{S_R}{q}$$

$$V_e = \frac{S_e}{n-q-1} \qquad \cdot\cdot\cdot（式7.13）$$

ただし、nは個体数、qは変数の数

$$F_R = \frac{V_R}{V_e} \qquad \cdot\cdot\cdot（式7.14）$$

F_Rがある決められた基準より大きいかどうかを調べ、大きければ決定係数は有意、すなわち分析の精度が良かったという結論を出します。

F値に対応したP-値（130ページ参照）を用い、分析精度が良かったかを判断しても同じ結果となります。

それではさっそく表7.3の例について計算してみましょう。

平方和、不偏分散を見やすくするために表にまとめてみます。この表のことを**分散分析表**といいます。

◆表7.21 分散分析表（公式）

変動	平方和		自由度	不偏分散	分散比	P-値	判定
全体	偏差平方和	S_{yy}	$n-1$				
回帰	回帰平方和	S_R	q	$V_R=\frac{S_R}{q}$	$F_R=\frac{V_R}{V_e}$	P	[ ]
残差	残差平方和	S_e	$n-q-1$	$V_e=\frac{S_e}{n-q-1}$			

注. $\sqrt{V_e}$を**標準誤差**という。

◆表7.22 分散分析表（計算結果）

変動	平方和	自由度	不偏分散	分散比	P-値	判定
全体	$S_{yy}=56.000$	$n-1=5$				
回帰	$S_R=54.682$	$q=2$	$V_R=27.341$	$F_R=62.236$	0.00361	[**]
残差	$S_e=1.318$	$n-q-1=3$	$V_e=0.43931$			

（式7.12）より、S_Rは、S_{yy}からS_eを引いて求めました。

注 $S_R=\sum(\tilde{y}_i-\bar{y})^2$ によって S_R を求めてみます。

$$S_R=(8.092-12)^2+(9.368-12)^2+\cdots+(17.306-12)^2$$
$$=54.682$$

どちらの方法で計算しても、当然結果は同じです。

有意水準 $\alpha=0.01$（信頼度99%）、$\alpha=0.05$（信頼度95%）の両方について検定します。

有意水準における F 分布の値 $F(q, n-q-1, \alpha)$ を求めます。

Excelの関数で求めると $F_5=(2, 3, 0.05)=9.552$　　$F_1=F(2, 3, 0.01)=30.817$

F_R と F_1、F_5 との大きさを比べます。

① $F_R \geqq F_1$…………条件のきびしい0.01（99%）で　分析精度が良く、判定は［**］
② $F_1>F_R \geqq F_5$……条件がゆるやかな0.05（95%）で分析精度が良く、判定は［*］
③ $F_R<F_5$……………………………………………………分析精度が悪く、判定は［　］

この例は①で、決定係数は有意、重回帰式のあてはまり具合が非常に良い、分析の精度は良いといえます。

P-値は F 分布における分散比 F_R の上側確率です。

◆図7.2 F分布

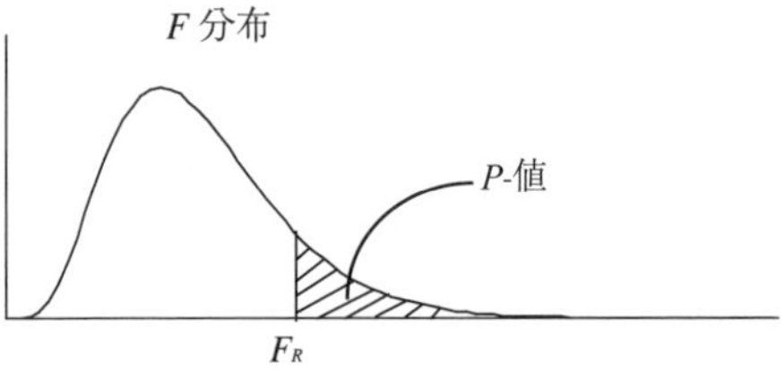

Excelの関数で P-値を求められます。Excelのシート上の任意のセルに次を入力しエンターキーを押します。

=FDIST(F_R, q, n−q−1)

この例における P-値は次によって求められます。

［=FDIST(62.236, 2, 3)］→ エンターキー →［0.00361］

P-値と、有意水準を比較しても同じ判定となります。

①　　　P-値 $\leqq$ 0.01…［**］
② 0.01 $<$ P-値 $\leqq$ 0.05…［*］
③ 0.05 $<$ P-値…………［　］

注 F_R が大きくなるほど P-値は小さくなります。

7.7 説明変数の選択

◆ 説明変数選択の方法

分析の精度は、どのような説明変数を用いるかによって決まります。せっかく良いデータがあっても、説明変数の選択方法を知らないために、良くない結果を出している人がいます。ぜひ次に述べる事柄を理解し、素晴らしい分析を行ってください。

目的変数と相関の高い変数を説明変数にします。単相関係数を用い、相関が0.7以上のものを説明変数にするのが一般的です。0.7という値は、必ずしも絶対的なものでなく、1つの目安です（筆者の場合、0.3とかなり低い値を設定して、説明変数を多めにとり、次の方法で絞り込みを行います）。

ここで選ばれた説明変数の中から、次の方法によって説明変数の絞り込みを行います。

■ 説明変数相互で高い相関のあるものを探し、どちらかの変数を落とします

相関が0.9以上あるときは、どちらかを落とすのが一般的です。この値も上記同様に、1つの目安です。落とし方は、落とす候補になった変数と目的変数との相関をそれぞれ調べて、相関の低い方を落とします。

下記の例では、x_1とx_2との相関が高いので、x_1、x_2のどちらかを落とすことになります。yとx_1、yとx_2の相関を見てみるとyとx_2の方が低いので、x_2を落とします。

◆図7.3 変数相互の関係

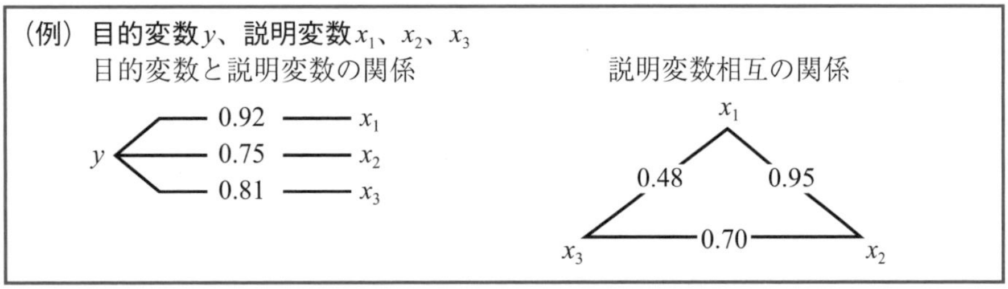

■ 将来設定ができない説明変数を落とします

いま、ある売上予測を行うために、広告費、営業担当者数、他社競合商品の売上額を説明変数にとり、重回帰分析を行ったところ、決定係数が0.9となる重回帰式を求めることができました。さっそくこの式を用いて、来年度の売上予測を行うことにしました。ところが、広告費、営業担当者数については来年度の設定ができたものの、競合商品の売上額は来年度どうなるかわからず、先へ進むことができませんでした。

このような結果を避けるために、重回帰分析を予測に使う場合、将来設定ができない説明変数は用いないことが一般的です。ただし、“競合商品の売上額がいくらまで上がると、我が社の売上額がこれだけ下がる”といったシミュレーション分析を行う場合は、将来設定ができない説明変数を意図的に用いることもあります。

■ データが全て同じ値の説明変数は、重回帰分析に使えません

アンケート調査で段階評価（1. 良い　2. どちらともいえない　3. 悪い）を採用した場合などに、全員が「2. どちらともいえない」に回答する、といったことがまれにあります。この場合、この変数のデータは全て「2」となり、この変数は重回帰分析に使えません。データが全て同じだと標準偏差が0になるので、重回帰分析を行う前に標準偏差を計算してチェックしてください。

◆ 係数符号の逆転現象「マルチコ」

都道府県別乗用車保有台数を予測するために、47都道府県を個体に、乗用車保有台数を目的変数に、人口と世帯数を説明変数にとり、重回帰分析を行いました。人口の多いところは乗用車保有台数が多く、人口と乗用車の相関は0.92と高い相関となりました。同様に世帯数と乗用車も0.95と高い相関となりました。ところが、重回帰式は次に示すように、人口の係数が負となりました。

$$\underset{\text{乗用車保有台数}}{y} = -0.8\underset{\text{人口}}{x_1} + 2.9\underset{\text{世帯数}}{x_2} + 100 \qquad \cdots（式7.15）$$

この式から判断すると、人口1人当たりの乗用車保有台数は−0.8台、すなわち人口が多い都道府県ほど乗用車保有台数は少なくなるということになります。

なぜこのようなことが起こったかというと、131ページで述べた、「説明変数相互に高い相関がある場合、どちらかの変数を落とす」というルールを守らなかったからです。この例では、説明変数相互、すなわち人口と世帯数との相関は0.96でしたので、人口もしくは世帯数どちらかを落として分析しなければならなかったのです。このような現象をマルチコリニアリティ（multicolinearity）略してマルチコ、日本語では**多重共線性**といいます。

マルチコは次に示すように、回帰係数a_1、a_2と単相関係数r_{y1}、r_{y2}の符号（＋、−）が一致しているかどうかを調べることによって、簡単に発見できます。a_1とr_{y1}、a_2とr_{y2}全てについて符号が一致していれば、問題はありません。

$$y = a_1x_1 + a_2x_2 + a_0 \qquad \cdots（式7.16）$$

r_{y1}：yとx_1との単相関　r_{y2}：yとx_2との単相関

表7.3の例について、符号逆転現象を調べてみます。

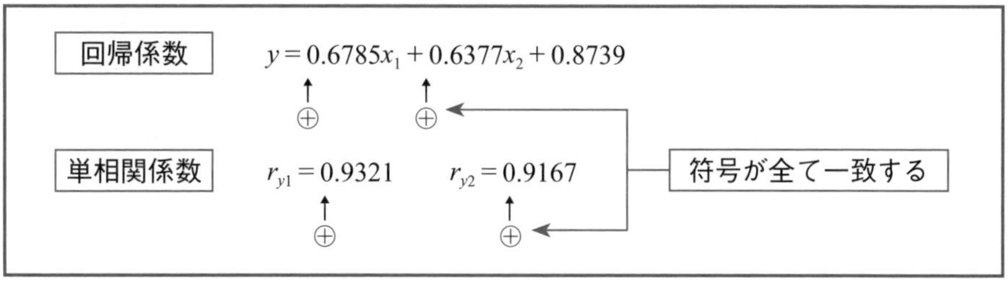

◆図7.4 符号一致のチェック

符号が全て一致するので、問題はありません。

例題 7-3

次のデータは、ある町における平成14年のパソコン保有台数、世帯数、所得額を示したものです。

	パソコン保有台数	世帯数	所得額（億円）
A町	300	2200	198
B町	225	2000	200
C町	160	3000	240
D町	90	1300	91
E町	50	1500	75
F町	30	1000	55

パソコン保有台数を目的変数として重回帰分析を行いなさい。

解　答

［基本統計量］
件数6

説明変数名	平均	標準偏差
世帯数	1833	723
所得額	143	78
パソコン保有台数	143	106

［相関行列］

説明変数名	世帯数	所得額	パソコン保有台数
世帯数	1.000	0.940	0.640
所得額	0.940	1.000	0.820
パソコン保有台数	0.640	0.820	1.000

重回帰式　　　目的変数　パソコン保有台数

説明変数名	回帰係数	標準回帰係数	単相関
世帯数	−0.1652	−1.1298	0.640
所得額	2.5370	1.8820	0.820
定数項	82.1942		

例題7-4

例題7-3の重回帰式と決定係数を示します。

$y = -0.1652x_1 + 2.537x_2 + 82.1942$

決定係数 $R^2 = 0.820$

この結果に対して次の質問に答えなさい。

問1　パソコン保有台数を予測するモデル式として適用できるか。

1＝適用できる　　　2＝適用できない

問2　問1で「2」を解答した場合、その理由を述べよ。

問3　また、正しい対応方法があれば、それを示せ。

解　答

問1　適用できない。

問2　世帯数において回帰係数の符号が「－」であるのに対し、単相関の符号は「＋」になっているので、この重回帰式は適用できない。

問3　説明変数相互の相関をみると、世帯数と所得額の相関は0.94と高いので、いずれか1つは説明変数として使用しない。

使用しない説明変数は、目的変数「パソコン保有台数」との相関が低いほうの世帯数である。

これより目的変数をパソコン保有台数、説明変数名を所得額で重回帰分析を行う。

◆表7.23 重回帰分析①

重回帰式

説明変数名	回帰係数	標準回帰係数	単相関
所得額 定数項	1.1049 －15.6918	0.8197	0.820

[精度]

決定係数	$R^2 =$	0.672
自由度修正済決定係数	$R^{2'} =$	0.590

この結果の決定係数は、0.672で例題7-4に示した0.820より低くなるので、この方法での重回帰分析は正しくありません。正しい方法は次ページで示します。

別　解

世帯数も所得額も町の大きさに比例する要因なので、変数相互の相関が高くなっている。このような場合、所得額を世帯数で割った「1世帯当たり所得」を求め、世帯数と1世帯当たり所得で重回帰分析を行うとマルチコが防げることが多い。

◆表7.24
重回帰分析②

	パソコン保有台数	世帯数	所得額（億円）
A町	300	2200	198
B町	225	2000	200
C町	160	3000	240
D町	90	1300	91
E町	50	1500	75
F町	30	1000	55

➡

1世帯当たり所得（万円）
900
1000
800
700
500
550

[基本統計量]

説明変数名	平均	標準偏差
世帯数	1833	723
1世帯当たり所得（万円）	742	196
パソコン保有台数	143	106

[相関行列]

説明変数名	世帯数	1世帯当たり所得（万円）	パソコン保有台数
世帯数	1.000	0.609	0.640
1世帯当たり所得	0.609	1.000	0.901
パソコン保有台数	0.640	0.901	1.000

重回帰式

説明変数名	回帰係数	標準回帰係数	単相関	符号チェック
世帯数	0.0211	0.1442	0.640	
1世帯当たり所得	0.4387	0.8133	0.901	
定数項	−221.5507			

重回帰式と決定係数は次となる。

$y = 0.021 \times$ 世帯数 $+ 0.439 \times$ 1世帯当たり所得額 $- 221.6$
決定係数 $R^2 = 0.825$

重回帰式の回帰係数と相関行列に示した相関係数の符号が一致するので、この重回帰式は適用できる。
決定係数は例題7-4の決定係数とほぼ同じで、精度の高い重回帰式といえる。

7.8 重回帰分析を使用してはいけない場合

次の質問紙で、コンビニに来店した人にアンケート調査を行いました。

問1　このコンビニに関するあなたのお考えを、それぞれお聞かせください。
（○は各1つずつ）

	全然そう思わない	あまりそう思わない	どちらともいえない	ややそう思う	全くそう思う
A　品切れがない	1	……2	……3	……4	……5
B　新鮮である	1	……2	……3	……4	……5
C　味が良い	1	……2	……3	……4	……5
D　処理時間が早い	1	……2	……3	……4	……5
E　イメージが良い	1	……2	……3	……4	……5
F　従業員態度が良い	1	……2	……3	……4	……5
G　レイアウトが良い	1	……2	……3	……4	……5
H　品揃えが豊富	1	……2	……3	……4	……5
I　取次サービスが充実	1	……2	……3	……4	……5

問2　総合的に見て、このコンビニに関する評価をお知らせください。
（○は1つだけ）

1. 非常に悪い	2. やや悪い	3. 普通	4. やや良い	5. 非常に良い

下記は回答データです。

◆表7.25
回答データ

No.	品切れがない	新鮮である	味が良い	処理時間が早い	イメージが良い	従業員態度が良い	レイアウトが良い	品揃えが豊富	取次サービスが充実	総合評価
1	3	1	4	4	5	2	2	1	2	2
2	4	4	4	3	3	2	3	5	4	5
3	2	3	1	2	1	5	4	1	1	3
4	3	5	5	4	1	2	1	4	5	4
5	3	4	4	3	3	3	3	5	3	4
6	4	3	3	2	3	2	3	3	4	4
7	4	2	2	5	3	1	3	1	1	4
8	1	1	1	1	4	3	4	4	4	2
9	3	3	4	5	3	1	3	4	3	4
10	1	3	3	1	2	1	2	2	2	1
11	5	2	2	3	3	2	3	3	4	3
12	5	4	4	3	5	2	4	5	4	5
13	2	3	3	2	3	1	3	2	3	2
14	1	4	4	3	1	1	2	4	4	2
15	3	3	2	5	4	1	3	1	2	1
16	1	2	2	1	1	2	1	2	2	1
17	3	4	4	4	1	2	1	2	3	3
18	1	2	3	2	3	1	4	4	5	2
19	2	3	4	1	5	2	5	4	4	2
20	3	4	4	4	5	3	4	3	3	4

総合評価を上げるために重要な要因は何かを明らかにしたい場合、重回帰分析の標準回帰係数を用いる人がいます。筆者は、この目的のために、重回帰分析を用いることは賛成しかねます。

その理由を次に示します。

まずは表7.26の重回帰分析の結果をご覧ください。

表7.26のC列の単相関は総合評価と各項目との単相関係数、A列とB列は総合評価を目的変数とした重回帰分析の結果です。C列の単相関は符号が全てプラスであるのにA列の回帰係数の一部にマイナスが存在します。この現象が起こっている「新鮮である」を取り上げ解釈してみると次のようになります。

① 単相関がプラスなので、「新鮮である」の評価が上がれば総合評価が高まる。

② 回帰係数はマイナスなので、「新鮮である」の評価が上がれば総合評価が低まる。

このように矛盾した重回帰分析の標準回帰係数を用いるのは、危険だと思います。

◆表7.26 重回帰式の回帰係数

説明変数名	A	B	C	D
	回帰係数	標準回帰係数	単相関	符号チェック
品切れがない	0.6485	0.6525	0.7313	
品揃えが豊富	0.4371	0.4778	0.4890	
レイアウトが良い	0.3820	0.3305	0.1745	
味が良い	0.3694	0.3246	0.4044	
従業員態度が良い	0.2783	0.2148	0.2403	
処理時間が早い	0.1753	0.1860	0.4090	
新鮮である	−0.1405	−0.1169	0.4915	×
取次サービスが充実	−0.2309	−0.2109	0.2512	×
イメージが良い	−0.3816	−0.4223	0.1392	×
定数項	−1.2102			

そこで、このような現象が起こらないように、項目を一部落として、重回帰分析を再度行います。

表7.27は再分析の結果です。表7.27はマルチコのない重回帰式が求められましたが、本来の目的「重要要因の解明」には適用できません。なぜなら9項目全ての重要度がわからないからです（この例では7項目のみの重要度が解明）。

◆表7.27 マルチコのない重回帰式

説明変数名	回帰係数	標準回帰係数	単相関
品切れがない	0.5218	0.5251	0.7313
品揃えが豊富	0.3534	0.3863	0.4890
従業員態度が良い	0.3510	0.2710	0.2403
処理時間が早い	0.2013	0.2136	0.4090
新鮮である	0.1550	0.1289	0.4915
味が良い	0.0388	0.0341	0.4044
レイアウトが良い	0.0310	0.0268	0.1745
定数項	−1.5147		

上記結果はできるだけ少ない重要項目で、予測するモデル式を作成する場合に有効です。

重要度の解明は、筆者は表7.26の単相関（図7.5）を用います。簡単すぎて、これで良いのか心配する人がいるかもしれませんが、分析はシンプルが一番です。

◆図7.5 表7.26の単相関

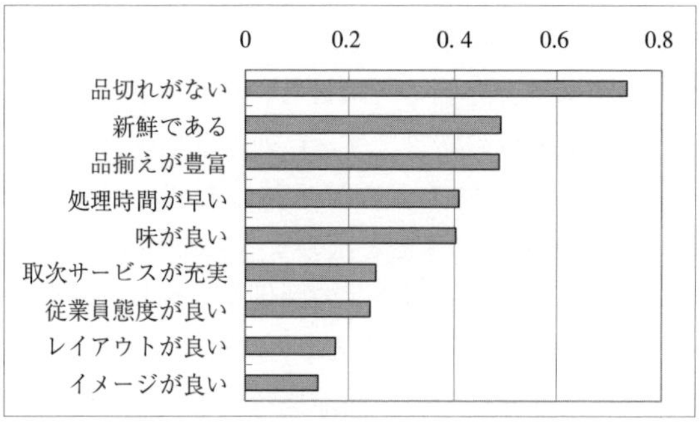

7.9 Excelのデータ分析で重回帰分析を行う

Excel 多変量解析演習用データ　シート名「売上予測」

表7.3のデータについて、Excelの分析を用いて重回帰分析を行ってみます。

表7.3のデータは、株式会社アイスタットのホームページよりダウンロードできます。

ダウンロードの方法は、本書269ページをご参照ください。

❶「多変量解析演習用データ.xlsx」を開きます。

❷ シート名「売上予測」を選択します。

❸ Excelメニューバー［データ］→［データ分析］を選択します。

❹ 下記画面で、「回帰分析」を選択し、OKボタンを押します。

◆図7.6
［回帰分析］の選択

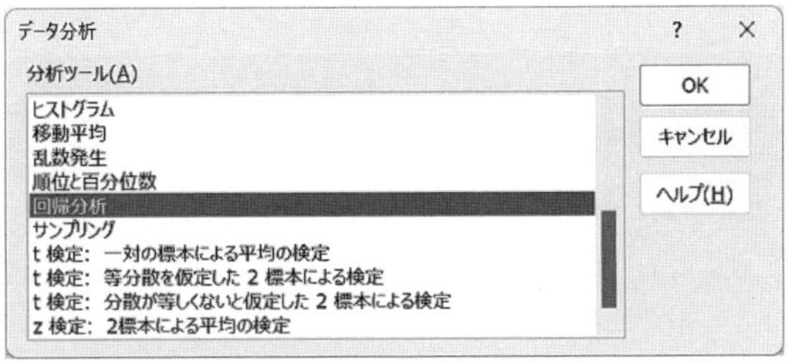

❺ 次画面が表示されます。

◆図7.7
［回帰分析］の指定画面

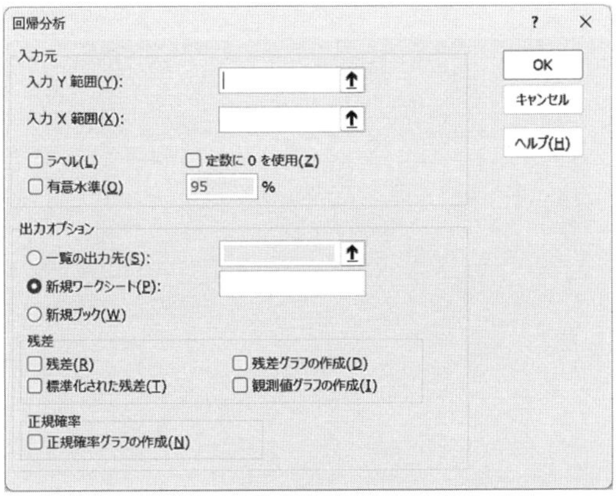

入力Y範囲	目的変数のラベルとデータを範囲指定します。
入力X範囲	説明変数のラベルとデータを範囲指定します。
□ラベル	ラベル（売上、広告費、営業担当者の名称）を指定するのでにします。
□有意水準	□指定しない（使用の仕方145ページ **注** 参照）
出力オプション	新規ブックを選択します。

❻ 残差、正規確率は次の画面どおりに指定してください。

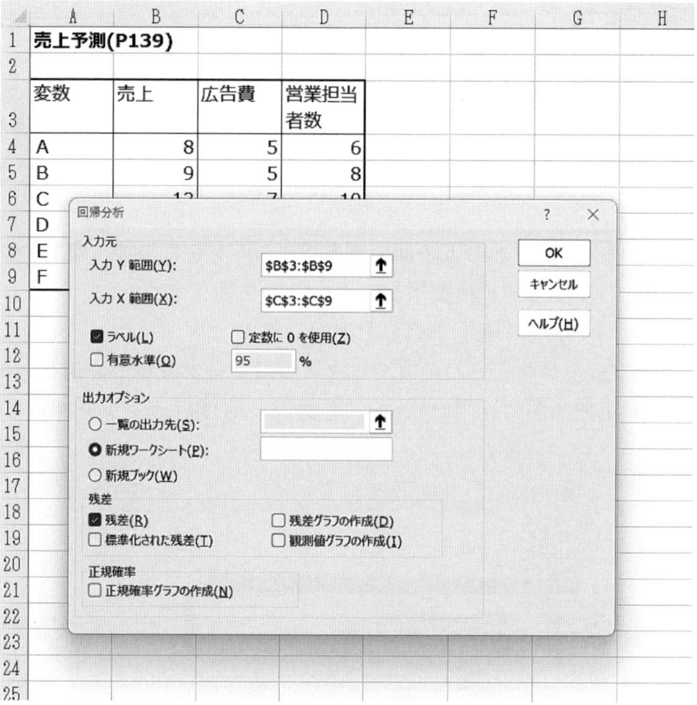

◆図7.8
入力方法

結　果

◆表7.28
出力結果

■ 概要

回帰統計		
重相関R	0.9882	………………………………………124ページ
重決定R2	0.9765	←決定係数…………………………123ページ
補正R2	0.9608	←自由度修正済決定係数…………127ページ
標準誤差	0.6628	………………………………………129ページ
観測数	6	←営業所数

■ 分散分析表 ………………………………………129ページ

	自由度	変動	分散	観測された分散比	有意F
回帰	2	54.6821	27.3410	62.2358	0.0036
残差	3	1.3179	0.4393		
合計	5	56.0000			

	係数	標準誤差	t	P-値	下限95%	上限95%	下限95.0%	上限95.0%
切片	0.8739	1.1785	0.7415	0.5121	−2.8766	4.6243	−2.8766	4.6243
広告費	0.6785	0.1629	4.1656	0.0252	0.1601	1.1969	0.1601	1.1969
営業担当者数	0.6377	0.1722	3.7031	0.0342	0.0896	1.1857	0.0896	1.1857

↑（係数）回帰係数112ページ　　（標準誤差〜上限95.0%）142～144ページ

■ 残差出力

観測値	予測値：売上	残差
1	8.09	−0.09
2	9.37	−0.37
3	12.00	1.00
4	11.28	−0.28
5	13.95	0.05
6	17.31	−0.31

↑（予測値）理論値114ページ

結果の見方

◆1　標準誤差

ある集団のn人を対象とした調査を行い、任意の変数x_1、x_2について重回帰式を当てはめて、$y=a_1x_1+a_2x_2+a_0$を求めたとします。

現実的には有り得ないことですが、このような調査を何回か行い、調査ごとに重回帰式を得たとします。

求めた回帰係数a_1、a_2および定数項a_0の度数分布を計算し、ヒストグラムを作成します。このとき、ヒストグラムは正規分布に従うことがわかっています。

正規分布の標準偏差を**標準誤差**といいます。

標準誤差は次の手順によって求められます。

❶ 偏差平方和、積和行列作成

$$\begin{bmatrix} S_{11} & S_{12} \\ S_{21} & S_{22} \end{bmatrix} = \begin{bmatrix} 38 & 27 \\ 27 & 34 \end{bmatrix}$$　……　表7.7、表7.8より

❷ ❶の逆行列を計算

$$S^{ik} = \begin{bmatrix} 38 & 27 \\ 27 & 34 \end{bmatrix}$$

とすると、一般的に行列$A=\begin{bmatrix} a & b \\ c & d \end{bmatrix}$において$\Delta=ad-bc$とするとき、逆行列$A^{-1}=\dfrac{1}{\Delta}\begin{bmatrix} d & -b \\ -c & a \end{bmatrix}$で求められる。

逆行列を求めると

$$\begin{bmatrix} S^{11} & S^{12} \\ S^{21} & S^{22} \end{bmatrix} = \frac{1}{S_{11}\times S_{22}-S_{12}\times S_{21}}\begin{bmatrix} S_{22} & -S_{12} \\ -S_{21} & S_{11} \end{bmatrix}$$

$$= \frac{1}{563}\begin{bmatrix} 34 & -27 \\ -27 & 38 \end{bmatrix}$$

$$= \begin{bmatrix} 0.06039 & -0.04796 \\ -0.04796 & 0.06750 \end{bmatrix}$$

❸ a_1の標準誤差S_{a1}を求める。

$$S_{a1} = \sqrt{S^{11}\times V_E} = \sqrt{0.06039\times 0.43931} = 0.16288$$

↑ 分散分析表のV_E　　↑ 表7.22

❹ a_2の標準誤差S_{a2}を求める。

$$S_{a2}=\sqrt{S^{22}\times V_E}=\sqrt{0.06750\times 0.43931}=0.17220$$

❺ a_0の標準誤差S_{a0}を求める。

$$S_{a0}=\sqrt{\left(1/n+\sum_{j=1}^{q}\sum_{k=1}^{q}\bar{x}_j\bar{x}_k S^{jk}\right)V_E}$$ qは説明変数の数

$$=\sqrt{(1/n+\underbrace{\bar{x}_1\bar{x}_1S^{11}+\bar{x}_1\bar{x}_1S^{12}+\bar{x}_2\bar{x}_1S^{21}+\bar{x}_2\bar{x}_2S^{22}}_{\bar{x}_1,\ \bar{x}_2 \text{は平均(表7.6)}})V_E}$$ nは営業所数$=6$

↓

$(7\times 7\times 0.06039+7\times 10\times(-0.04796)+10\times 7\times(-0.041796)+10\times 10\times 0.06750)$

$$=\sqrt{(1/6+2.99471)\times 0.43931}=1.17848$$

注 分散分析表の$\sqrt{V_E}$も標準誤差といいますので、混同しないようにしてください。

◆2　t値を求める

tの値は回帰係数を標準誤差で割った値です。

◆表7.29
t値

	①	②	①÷②
	係数	標準誤差	t
切片	0.8739	1.1785	0.7415
広告費	0.6785	0.1629	4.1656
営業担当者数	0.6377	0.1722	3.7031

Excelにおける重回帰分析では標準回帰係数は出力されませんが、t値を用い、重要度ランキングが判定できます。

t値より営業担当者数より広告費が売上予測をするのに重要と判断できます。

◆3　P-値を求める

tの値はt分布に従うことがわかっており、P-値はt分布におけるt値の上側確率の2倍の値を示します。

◆図7.9
P-値

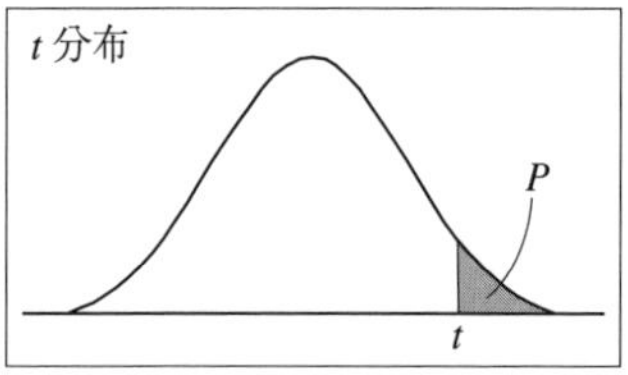

P-値はExcelの関数でも求めることができます。

「＝TDIST(t, n－q－1, 2)」→「＝TDIST(4.1656, 3, 2)」＝0.02517

q→説明変数の数　　定数

P-値を用い、説明変数の有意差判定すなわち重要度を検定することができます。

$P \leqq 0.01$	有意水準1%で有意、重要といえる。
$0.01 < P \leqq 0.05$	有意水準5%で有意、重要といえる。
$P > 0.05$	重要といえない。

◆4　下限、上限

回帰係数の区間推定を行います。

信頼度95%、自由度$n-q-1$におけるt分布の値をt_{95}とします。

$$\text{下限} = a_j - t_{95} \times S_{aj}$$

j番目変数の標準誤差（S_{aj}）

t_{95}はExcelの関数によって求められます。

j番目変数の回帰係数（a_j）

「＝TINV(0.05, n－q－1)」→「＝TINV(0.05, 3)」＝3.18245

■ 広告費

下限　$= a_1 - t_{95} \times S_{a1}$

$= 0.67851 - 3.18245 \times 0.16288 = 0.1601$

上限　$= a_1 + t_{95} \times S_{a1}$

$= 0.67851 + 3.18245 \times 0.16288 = 1.1969$

■ 営業担当者数

下限　$= a_2 - t_{95} \times S_{a2} = 0.0896$

上限　$= a_2 + t_{95} \times S_{a2} = 1.1857$

■ 定数項

下限　$= a_0 - t_{95} \times S_{a0} = -2.8766$

上限　$= a_0 + t_{95} \times S_{a0} = 4.6243$

注　Excelの回帰分析のダイアログボックスで指定するとき、有意水準を指定しないと95%の下限、上限が2つ表示されます。
有意水準を指定した場合、その区間指定が右側2列に表示されます。

この例では出力しなかった、その他の出力内容について解説します。

◆図7.10
その他の出力

- 標準化された残差：残差の基準値です。
- ↓
- 残差グラフの作成：縦軸に残差、横軸に説明変数のデータをとった点グラフです。
- ↓
- 観測グラフの作成：縦軸に実績値と理論値、横軸に説明変数をとった点グラフです。
- ↓
- 正規確率グラフの作成：縦軸に実績値、横軸に百分位数をとった点グラフです。
点グラフの傾向が直線的傾向にあれば、実績値（売上）は正規分布に従うといえます。
百分位数は、次によって求められます。
実績値（売上）のデータを昇順で並べ替えます。

◆図7.11
正規確率の
計算手順

売　上	百分位数
8	8.333
9	
11	
13	
14	
17	

（8.333 ← 先頭の値＝(100%÷データ数)÷2
＝(100÷6)÷2
＝16.667÷2
＝8.333）

↓

売　上	百分位数
8	8.333
9	25
11	41.167
13	
14	
17	

（25 ← 2番目以降の値＝1つ上の値＋(100%÷データ数)
＝8.333＋(100÷6)＝25）

（41.167 ← 3番目の値＝2番目の値＋16.667＝41.667）

例題 7-5

下記表は、プロ野球の某リーグに入団した新人選手の技能・体力テストの結果と、シリーズ終了時の2軍戦の打率を一覧表にしたものです。

この結果を用い、打率の予測モデル式を作成し、来年以降の新人採用に活用したいと思います。

読者の方はExcelのデータ分析を用い、マルチコの起こらない予測モデル式を作成してください。

No.	100m走(秒)	ボール投(m)	球速(km/秒)	ヒット数(本)	エラー数(回)	懸垂回数(回)	視力	握力(kg)	体重(kg)	身長(cm)	打率
1	13.8	62	120	3	2	71	1.0	80	65	180	0.272
2	12.2	90	130	2	0	32	1.2	79	85	178	0.372
3	13.4	5.2	95	2	1	20	1.1	32	55	168	0.250
4	12.7	88	141	3	1	28	0.9	68	75	190	0.298
5	12.9	79	128	2	0	45	1.2	50	74	175	0.325
6	11.9	88	118	1	1	30	1.3	70	80	173	0.333
7	10.9	83	108	5	2	22	1.2	56	83	178	0.271
8	15.0	53	87	1	0	40	1.2	38	60	169	0.245
9	12.8	92	120	4	0	15	1.3	62	95	181	0.315
10	14.2	70	110	0	3	10	1.1	43	75	165	0.183
11	11.7	70	100	3	1	10	1.2	78	73	177	0.300
12	11.3	82	127	2	1	31	1.5	76	80	174	0.356
13	13.5	87	112	1	2	13	1.3	47	85	180	0.270
14	14.5	63	130	2	1	18	1.0	65	65	181	0.240
15	15.0	79	99	4	3	15	1.0	72	73	168	0.238
16	14.7	69	102	0	2	22	0.9	50	68	169	0.195
17	12.5	77	130	3	2	28	0.9	48	80	170	0.295
18	13.2	78	110	1	0	17	1.4	39	75	172	0.232
19	14.0	68	120	0	3	33	1.6	43	66	177	0.230
20	12.9	81	128	3	0	42	1.5	52	90	183	0.328

注. データは多変量解析演習用データ.xlsxのシート名「野球」にあります。

Excel 多変量解析演習用データ　シート名「野球」

解　答

変数相互の相関を算出します。

例題7-5のデータは、株式会社アイスタットのホームページよりダウンロードできます。

ダウンロードの方法は、本書269ページをご参照ください。

❶「多変量解析演習用データ.xlsx」を開きます。

❷ シート名「野球」を選択します。

❸ Excelのメニューバー［データ］から［データ分析］を選択すると、次画面が表

示されます。

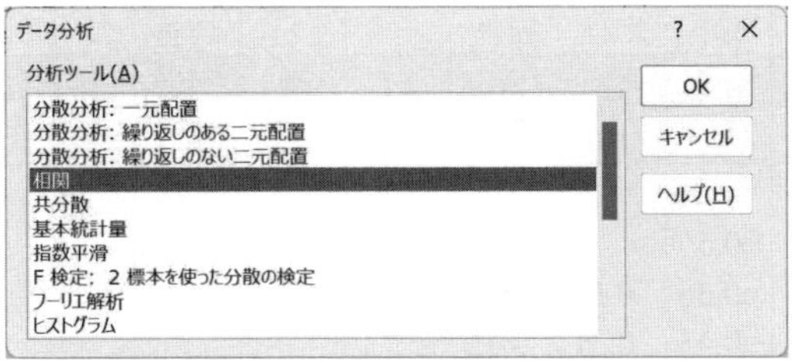

◆図7.12
［相関］の選択

❹［相関］を選択し、OKボタンを押すと次画面が表示されます。

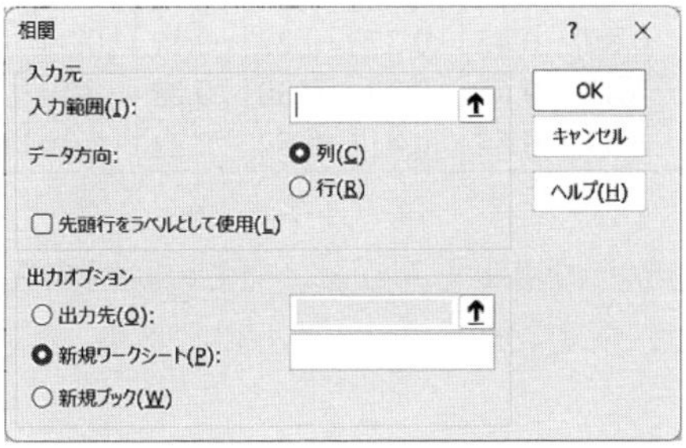

◆図7.13
［相関］の指定画面

❺ 図7.14のダイアログボックスの通りに指定します。

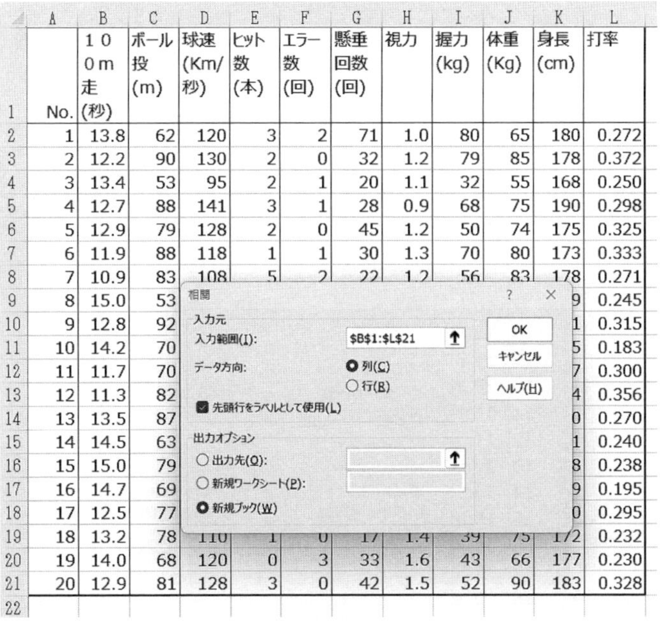

	A	B	C	D	E	F	G	H	I	J	K	L
1	No.	１０ｍ走(秒)	ボール投(m)	球速(Km/秒)	ヒット数(本)	エラー数(回)	懸垂回数(回)	視力	握力(kg)	体重(Kg)	身長(cm)	打率
2	1	13.8	62	120	3	2	71	1.0	80	65	180	0.272
3	2	12.2	90	130	2	0	32	1.2	79	85	178	0.372
4	3	13.4	53	95	2	1	20	1.1	32	55	168	0.250
5	4	12.7	88	141	3	1	28	0.9	68	75	190	0.298
6	5	12.9	79	128	2	0	45	1.2	50	74	175	0.325
7	6	11.9	88	118	1	1	30	1.3	70	80	173	0.333
8	7	10.9	83	108	5	2	22	1.2	56	83	178	0.271
9	8	15.0	53									0.245
10	9	12.8	92									0.315
11	10	14.2	70									0.183
12	11	11.7	70									0.300
13	12	11.3	82									0.356
14	13	13.5	87									0.270
15	14	14.5	63									0.240
16	15	15.0	79									0.238
17	16	14.7	69									0.195
18	17	12.5	77									0.295
19	18	13.2	78	110	1	0	17	1.4	39	75	172	0.232
20	19	14.0	68	120	0	3	33	1.6	43	66	177	0.230
21	20	12.9	81	128	3	0	42	1.5	52	90	183	0.328
22												

◆図7.14
入力方法（相関）

❻ 次の結果が出力されます。

◆表7.30
出力結果

	100m走(秒)	ボール投(m)	球速(km/秒)	ヒット数(本)	エラー数(回)	懸垂回数(回)	視力	握力(kg)	体重(kg)	身長(cm)	打率
100m走(秒)	1										
ボール投(m)	-0.56	1									
球速(km/秒)	-0.36	0.54	1								
ヒット数(本)	-0.43	0.31	0.15	1							
エラー数(回)	0.29	-0.16	-0.18	-0.12	1						
懸垂回数(回)	0.02	-0.19	0.29	0.05	-0.18	1					
視力	-0.30	0.22	0.04	-0.19	-0.25	0.04	1				
握力(kg)	-0.37	0.39	0.37	0.44	-0.03	0.19	-0.13	1			
体重(kg)	-0.54	0.89	0.45	0.37	-0.22	-0.17	0.33	0.29	1		
身長(cm)	-0.33	0.43	0.65	0.39	-0.30	0.23	0.12	0.42	0.38	1	
打率	-0.72	0.59	0.54	0.41	-0.57	0.31	0.30	0.55	0.56	0.46	1

1番下の行の目的変数との相関をみると、全ての説明変数において、0.3以上の相関になっているので、全変数を適用することにします。

❼［データ］→［データ分析］→［回帰分析］を選択します。
次の選択を行います。

◆図7.15
入力方法
(回帰分析)

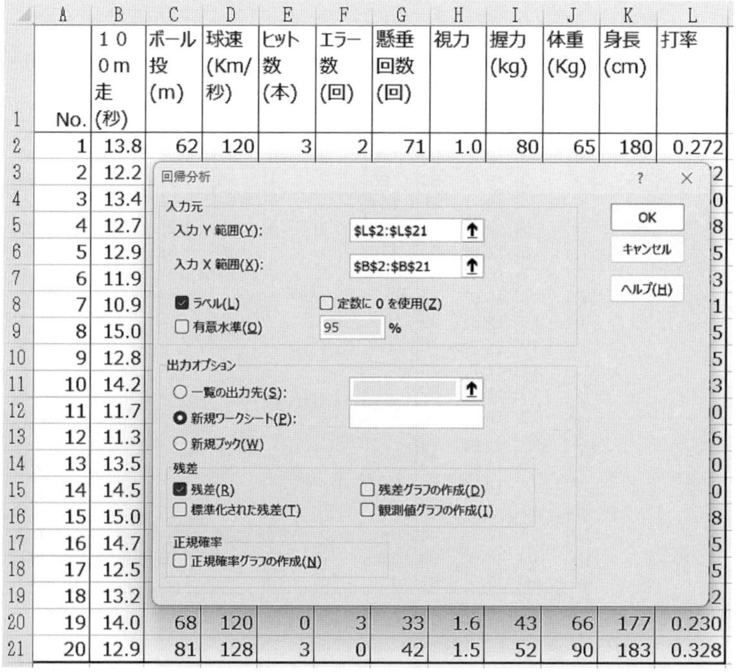

❽ 下記の結果が出力されます。

◆表7.31 出力結果と符号チェック

	係数	標準誤差	t	P-値	下限95%	上限95%	単相関	チェック
切片	0.4732	0.2440	1.9391	0.0844	-0.0788	1.0252		
100m走(秒)	-0.0133	0.0075	-1.7841	0.1081	-0.0302	0.0036	-0.7192	
ボール投(m)	0.0009	0.0014	0.6706	0.5193	-0.0022	0.0041	0.5856	
球速(km/秒)	0.0007	0.0007	0.9217	0.3807	-0.0010	0.0023	0.5413	
ヒット数(本)	0.0036	0.0066	0.5504	0.5955	-0.0112	0.0185	0.4058	
エラー数(回)	-0.0184	0.0066	-2.8054	0.0205	-0.0332	-0.0036	-0.5710	
懸垂回数(回)	0.0007	0.0005	1.3395	0.2133	-0.0005	0.0019	0.3087	
視力	0.0332	0.0404	0.8220	0.4323	-0.0582	0.1247	0.3007	
握力(kg)	0.0010	0.0005	1.8125	0.1033	-0.0002	0.0022	0.5474	
体重(kg)	-0.0001	0.0016	-0.0769	0.9403	-0.0037	0.0034	0.5612	×
身長(cm)	-0.0015	0.0015	-0.9630	0.3607	-0.0050	0.0020	0.4608	×

❾ ❻の単相関を出力結果に貼り付け、マルチコのチェックを行います。

体重と身長において、係数と単相関の符号不一致が見られました。そこで、体重、身長を除外して再度重回帰分析を行いました。

◆表7.32 マルチコの起こらない出力結果①

	係数	標準誤差	t	P-値	下限95%	上限95%	単相関	チェック
切片	0.2925	0.1472	1.9876	0.0723	-0.0314	0.6165		
100m走(秒)	-0.0147	0.0069	-2.1286	0.0567	-0.0300	0.0005	-0.7192	
ボール投(m)	0.0009	0.0008	1.0968	0.2961	-0.0009	0.0026	0.5856	
球速(km/秒)	0.0003	0.0006	0.4987	0.6278	-0.0010	0.0016	0.5413	
ヒット数(本)	0.0012	0.0053	0.2297	0.8225	-0.0105	0.0130	0.4058	
エラー数(回)	-0.0170	0.0060	-2.8094	0.0170	-0.0302	-0.0037	-0.5710	
懸垂回数(回)	0.0007	0.0005	1.4599	0.1723	-0.0004	0.0018	0.3087	
視力	0.0231	0.0348	0.6637	0.5205	-0.0536	0.0998	0.3007	
握力(kg)	0.0009	0.0005	1.7864	0.1016	-0.0002	0.0020	0.5474	

❿ マルチコは発生しておりません。もしかしたら2つの項目を除外せず、1つの項目を除外するだけでマルチコは起こらないかもしれません。そこで目的変数の相関が低いほうの身長を除外して、再度重回帰分析を行いました。

◆表7.33 マルチコの起こらない出力結果②

	係数	標準誤差	t	P-値	下限95%	上限95%	単相関	チェック
切片	0.2919	0.1548	1.8863	0.0886	−0.0529	0.6368		
100m走(秒)	−0.0148	0.0073	−2.0288	0.0699	−0.0310	0.0015	−0.7192	
ボール投(m)	0.0008	0.0014	0.5871	0.5702	−0.0023	0.0039	0.5856	
球速(km/秒)	0.0003	0.0006	0.4741	0.6456	−0.0011	0.0016	0.5413	
ヒット数(本)	0.0011	0.0060	0.1850	0.8570	−0.0123	0.0145	0.4058	
エラー数(回)	−0.0169	0.0064	−2.6651	0.0237	−0.0311	−0.0028	−0.5710	
懸垂回数(回)	0.0007	0.0005	1.3928	0.1939	−0.0004	0.0019	0.3087	
視力	0.0224	0.0387	0.5796	0.5750	−0.0638	0.1087	0.3007	
握力(kg)	0.0009	0.0005	1.6856	0.1228	−0.0003	0.0020	0.5474	
体重(kg)	0.0001	0.0015	0.0540	0.9580	−0.0034	0.0035	0.5612	

⓫ マルチコは発生しませんでしたので、上記を最終結果とします。

決定係数、分散分析表を見ると、予測に十分に使える式と判断することができました。

出力結果

◆表7.34 最終結果

概要

回帰統計	
重相関R	0.92479
重決定R2	0.85524
補正R2	0.72496
標準誤差	0.02706
観測数	20

分散分析表

	自由度	変動	分散	観測された分散比	有意F
回帰	9	0.0433	0.0048	6.5645	0.0035
残差	10	0.0073	0.0007		
合計	19	0.0506			

例題 7-6

次の表は、ある中学校の3年生の男子300人からランダムに10人を選んで、ボール投げの距離とその生徒の身長、体重、握力を調べたものです。

変数 / 生徒	ボール投げ (m)	身長 (cm)	体重 (kg)	握力 (kg)
1	37	175	65	39
2	36	172	58	50
3	33	168	52	44
4	40	180	66	45
5	25	155	45	39
6	21	159	40	30
7	28	165	62	37
8	30	168	61	38
9	27	172	49	25
10	35	171	56	49

この表より、身長が高く、体重が重く、握力が大きい生徒は、ボール投げの距離が長くなる傾向にあることがうかがえます。このことを統計的により明確に表すため、ボール投げの距離を身長、体重、握力から推定する関係式を作成することにしました。
この関係式が作成できれば、その式に身長、体重、握力を代入して得た値は、その生徒の体型、体力に見合ったボール投げの距離、すなわち潜在的な能力値と考えられます。このような潜在能力を明らかにしたい場合、目的変数のある場合の重回帰分析を適用します。

問1　重回帰式を求めなさい。

問2　たった10人の生徒から、3年男子300人の潜在能力を測定できるかを検定しなさい。

問3　生徒名W君は身長156cm、体重66kg、握力30kgです。W君の潜在能力を調べなさい。

解　答

問1

y	$=$	$0.4926x_1$	$+$	$0.0884x_2$	$+$	$0.3558x_3$	$-$	70.7932
↑		↑		↑		↑		
ボール投げ		身長		体重		握力		

問2　決定係数 $R^2 = 0.9657$ で 0.8 を上回り、非常に高い精度であるといえます。
分散分析表の有意 $F = 0.00009 < 0.01$ より、人数が 10 人と少ないが、重回帰式は充分に使えると判断します。

問3　W 君のデータを重回帰式に代入し理論値を求めると 22.6 となりました。これより W 君の潜在能力は 22.6 m といえます。

出力結果

◆表 7.35 出力結果

概要

回帰統計	
重相関 R	0.9827
重決定 R2	0.9657
補正 R2	0.9485
標準誤差	1.3603
観測数	10

分散分析表

	自由度	変動	分散	観測された分散比	有意 F
回帰	3	312.498	104.166	56.295	0.00009
残差	6	11.102	1.850		
合計	9	323.600			

係数	
切片	−70.7932
身長	0.4926
体重	0.0884
握力	0.3558

第8章

時系列重回帰分析

売り上げ額＝11×広告費＋28×キャンペーン実施＋86

8.1 時系列重回帰分析とはなにか

表8.1の「ア」のデータは、A～Fの6つの営業所について売上額と広告費を調べたものです。

「イ」のデータは、営業所を年に変えたものです。ここでは、「ア」と「イ」の違いを考えてみます。

「ウ」は「ア」の営業所を並べ替えただけの表ですので、「ア」「ウ」どちらのデータ表を用いても、なんら問題はありません。

「エ」は「イ」の年を並べ替えた表ですが、「エ」の表を用いて分析する人はいないでしょう。なぜなら、「イ」は時間の経過に意味があり、並べ替えることによって時間の概念を無視してしまうことになるからです。

◆表8.1 営業所のデータ

ア

営業所	売上	広告費
A	8	6
B	9	6
C	13	7
D	11	5
E	14	8
F	17	10
G		13

イ

年	売上	広告費
1996年	8	6
1997年	9	6
1998年	13	7
1999年	11	5
2000年	14	8
2001年	17	10
2002年		13

ウ

営業所	売上	広告費
C	13	7
A	8	6
F	17	10
E	14	8
B	9	6
D	11	5
G		13

エ

年	売上	広告費
1998年	13	7
1996年	8	6
2001年	17	10
2000年	14	8
1997年	9	6
1999年	11	5
2002年		13

目的変数である売上に注目すると、年が経過するごとに売上は増加しており、年を並べ替えてしまうと、売上のすう勢的傾向を見ることができなくなってしまいます。

日、月、年などの時間の経過別に測定されたデータのことを時系列データといいます。

時系列データに重回帰分析を適用することを、この本ではあえて時系列重回帰分析と名称します。

時系列重回帰分析は、目的変数（この例では売上）のすう勢的傾向を把握して、この求められた傾向と、測定済みのデータ（この例では広告費）を説明変数とし、重回帰分析を行う方法です。

8.2 時系列重回帰分析の手順

「イ」のデータについて、時系列重回帰分析の手順を示します。

① 売上のすう勢的傾向を明らかにし、この傾向を1つの説明変数（トレンドTと名称）とします。

② 目的変数を売上、説明変数をTと広告費として重回帰分析を行います。

◆ 傾向線Tの算出

売上の時系列グラフを書き、グラフの形状が増加、横這い、減少いずれかの傾向であるかを調べます。

◆図8.1 時系列グラフ

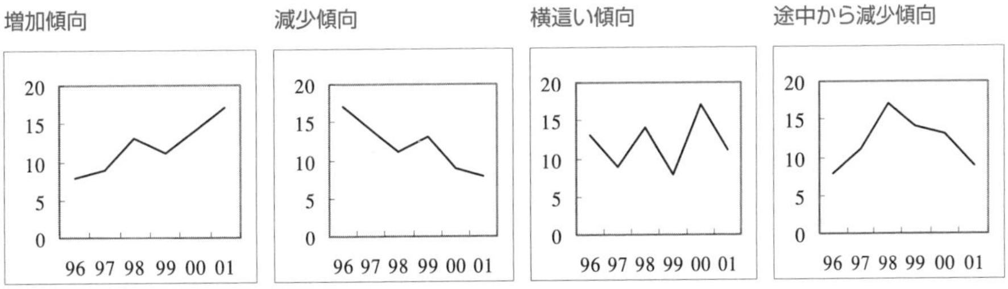

グラフの形状に合わせたトレンドTのデータを作成します。

◆表8.2 トレンドTのデータ

年	トレンドTのデータ			
	増加傾向	減少傾向	横這い傾向	途中から減少傾向
1996年	1	6		
1997年	2	5		
1998年	3	4		4
1999年	4	3		3
2000年	5	2		2
2001年	6	1		1

＊増加傾向：1から始まる昇順の整数データ
＊減少傾向：データ数から始まる降順の整数データ
＊横這い傾向：トレンドTは作成しません。
＊途中から減少傾向：ピーク時から始まる降順の整数データ

注 途中から増加傾向：ボトム時から始まる昇順の整数データ

留意点

一般的にトレンドは直線を使います。曲線を使う場合は、単調に増加（あるいは減少）する曲線を使います。

◆図8.2
トレンドの曲線

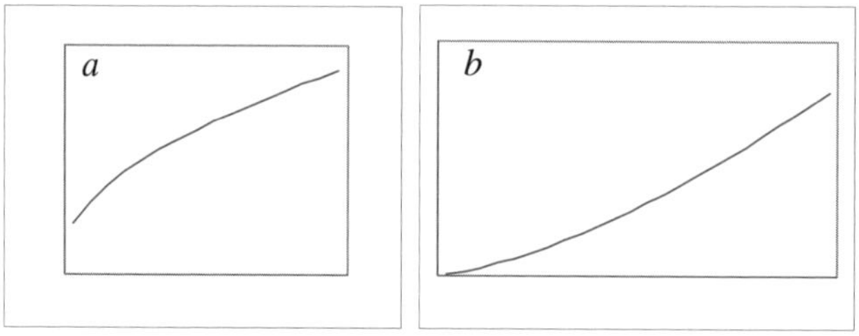

したがってグラフの形状が「途中から減少傾向」あるいは「途中から増加傾向」の場合、ピーク時あるいはボトム時点からのデータについて分析します。

この例における売上は増加傾向にあるので、トレンドTは1、2、3、・・・、6とします。

◆ 予　測

次のデータに重回帰分析を適用します。

◆表8.3
データ

年	売上（千万円）	広告費（百万円）	トレンドT
1996年	8	6	1
1997年	9	6	2
1998年	13	7	3
1999年	11	5	4
2000年	14	8	5
2001年	17	10	6

◆表8.4
データの分析結果

概要

回帰統計	
重相関R	0.9716
重決定R2	0.9441
補正R2	0.9068
標準誤差	1.0218
観測数	6

分散分析表

	自由度	変動	分散	観測された分散比	有意F
回帰	2	52.868	26.434	25.317	0.0132
残差	3	3.132	1.044		
合計	5	56.000			

	係数	標準誤差	t	P-値
切片	2.5809	1.9359	1.3331	0.2747
広告費	0.7868	0.3665	2.1464	0.1211
トレンドT	1.1176	0.3505	3.1889	0.0498

決定係数は0.9441と高く、有意F（P-値）は0.0132と0.05より小さいので、予測に使えると判断できます。

重回帰式　$y=0.7868x_1+1.1176x_2+2.5809$に2002年のデータを代入し予測します。

　　　　広告費　　トレンドT
　　　　　↓　　　　　↓

$$y=0.7868\times 13+1.1176\times 7+2.5809=20.63$$

これにより2002年の売上は、2億630万円が見込まれます。

トレンドTを使わずに、売上と広告費だけで重回帰分析を行ってみます。

$$y=1.6250x_1+0.6250$$

　　　　↑
　　　広告費

この結果と先のトレンドTを含んだ重回帰分析の結果を比較してみます。

第8章

◆表 8.5
重回帰分析の結果

		T含む	T除外
決定係数		0.9441	0.7545
P-値		0.0132	0.0248
予測式	定数項	2.5809	0.6250
	広告費	0.7868	1.6250
	トレンドT	1.1176	
予測値		20.63	21.75

トレンドTを含めると分析精度が良くなることがわかります。

時系列データの重回帰分析は、必ずトレンドTを含めて分析を行うようにしてください。

◆ 回帰分析によるトレンドTの設定

3章で直線回帰、曲線回帰（ルート、指数など）を学習しました。

グラフの形状を見て、直線的増加（あるいは減少）なら直線回帰、図8.2のaの形状ならルート、bなら指数を適用します。

本章の例では直線回帰を当てはめました。

注 本章の例における直線回帰の当てはめ方については3章を参照してください。

直線回帰の式は、$y=1.6571x+6.2$です。売上理論値を求めると次のようになります。

◆表 8.6
売上理論値

年	売上実績値	売上理論値
1996年	8	7.9
1997年	9	9.5
1998年	13	11.2
1999年	11	12.8
2000年	14	14.5
2001年	17	16.1

売上理論値をトレンドTとして、重回帰分析を行います。

◆表 8.7
重回帰分析

年	売上	広告費	トレンドT
1996年	8	6	7.857143
1997年	9	6	9.514286
1998年	13	7	11.17143
1999年	11	5	12.82857
2000年	14	8	14.48571
2001年	17	10	16.14286

重回帰分析の結果を示します。

◆表8.8 重回帰分析の結果

概要

回帰統計	
重相関R	0.9716
重決定R2	0.9441
補正R2	0.9068
標準誤差	1.0218
観測数	6

	係数	標準誤差	t	P-値
切片	−1.6007	1.9644	−0.8148	0.4748
広告費	0.7868	0.3665	2.1464	0.1211
トレンドT	0.6744	0.2115	3.1889	0.0498

表8.8に対する重回帰分析の結果を、表8.4の重回帰分析結果と比較してみます。

◆表8.9 重回帰分析の比較

		重回帰分析	
		表8.4	表8.8
精度	決定係数	0.9441	0.9441
	P-値	0.0132	0.0132
係数	定数項	2.5809	−1.6007
	広告費	0.7868	0.7868
	トレンドT	1.1176	0.6744
理論値	1996年	8.4191	8.4191
	1997年	9.5368	9.5368
	1998年	11.4412	11.4412
	1999年	10.9853	10.9853
	2000年	14.4632	14.4632
	2001年	17.1544	17.1544
予測値	2002年	20.6300	20.6300

式の係数は異なるものの、精度、理論値、予測値は全て一致しています。

したがって、トレンドTを直線とする場合、トレンドTは手間のかかる直線回帰をせずに、整数1、2、3、…の設定で良いわけです。

8.3 時系列重回帰分析におけるマルチコ

国内におけるパソコンの需要台数（十万台）を予測することにしました。

パソコンの売れ行きは、景気の良し悪しによって決まると考え、GDP（Gross Domestic Product：国内総生産）を説明変数としました。

次の表は、パソコンの需要台数とGDP（国内総生産）を示したものです。

◆表8.10 パソコンの需要台数とGDP

年	需要台数	GDP
1995年	4	5.0
1996年	6	6.0
1997年	5	4.6
1998年	7	5.5
1999年	12	5.8
2000年	8	1.2
2001年	9	2.0
2002年	?	3.0

まず始めに、本当にGDPはパソコン需要に重要な要因であるかを調べるために、相関図と相関係数を求めてみました。

◆図8.3 相関図と相関係数

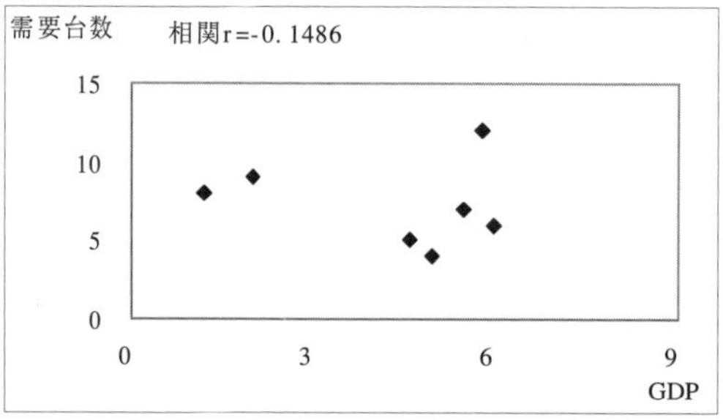

相関がないどころか、マイナスの相関となりました。

時系列データの分析の場合、相関が低いからといって、この変数が使えないと判断してはいけません。

次の手順で、GDPが本当にパソコン需要に重要でないかを検討します。

需要台数とGDPの時系列グラフを作成します。

◆図8.4
比較グラフ

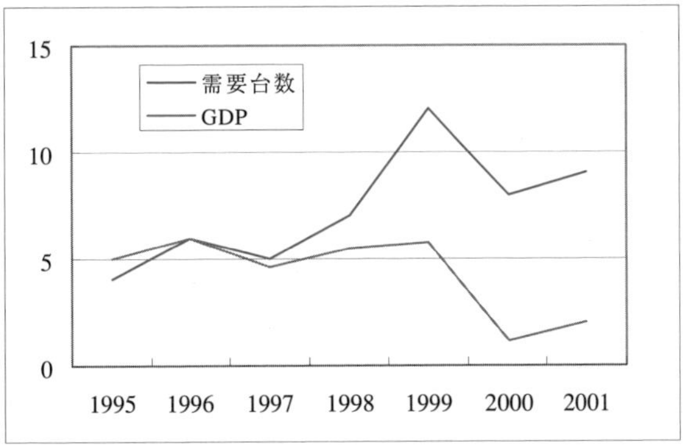

需要台数は増加傾向、GDPは減少傾向にあり、2項目間には全く関係がありそうに思えませんが、どちらも1996年、1999年は上昇、1997年、2000年に下降しています。

そこで、それぞれの項目に51ページで学習した直線回帰を当てはめます。

◆図8.5
直線の当てはめ

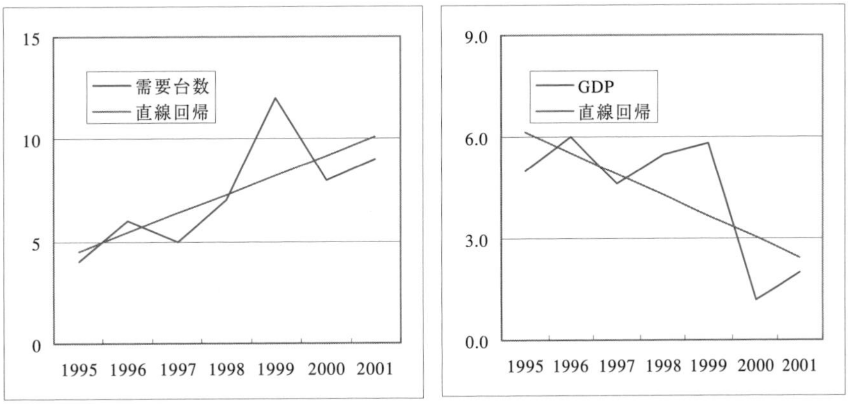

$y = 0.9286x + 3.5714$

$y = -0.6214x + 6.786$

図8.5において、需要台数の直線までの距離（これを残差という）を計算します。

◆表8.11
残差の算出

年	需要台数	直線回帰	残　差	年	GDP	直線回帰	残差
1995年	4	4.5	−0.5	1995年	5.0	6.2	−1.2
1996年	6	5.4	0.6	1996年	6.0	5.5	0.5
1997年	5	6.4	−1.4	1997年	4.6	4.9	−0.3
1998年	7	7.3	−0.3	1998年	5.5	4.3	1.2
1999年	12	8.2	3.8	1999年	5.8	3.7	2.1
2000年	8	9.1	−1.1	2000年	1.2	3.1	−1.9
2001年	9	10.1	−1.1	2001年	2.0	2.4	−0.4

2項目の残差のグラフを作成してみます。

◆図8.6
残差の比較グラフ

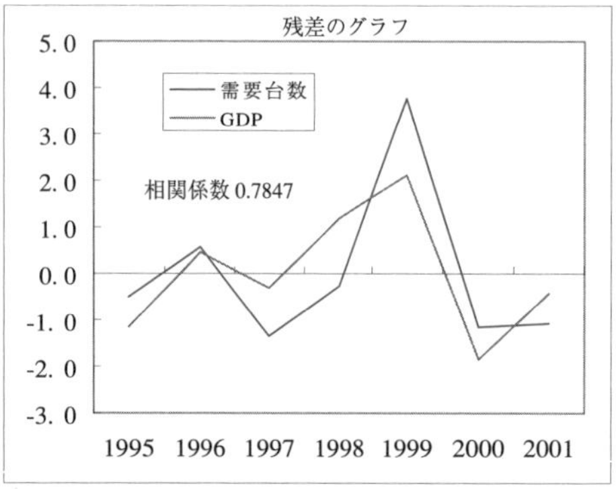

2項目の残差の相関を計算すると、0.7847と高い値を示しました。

つまりGDPが高くなれば（低くなれば）、パソコン需要台数は売れる（売れない）といえるのです。

図8.4をみるとGDPは需要台数に影響を及ぼしていると考えられますが、相関は−0.1486と低い値を示しました。この理由を考えてみます。

需要台数とGDPの相関は、図8.5で示す「需要台数の直線回帰線とGDPの直線回帰線との関係」、図8.4で示す「需要台数の上昇・下降とGDPの上昇・下降との関係」によって与えられます。前者の相関関係はマイナス、後者の相関関係はプラスで、これらが合わさって、相関係数は低い値となりました。

したがって、需要台数とGDPの真の相関（0.7847）は、表8.11、図8.6で示した方法で求めなければなりません。

この手順で、真の相関を調べるのは骨が折れます。このようなことをしなくとも時系列重回帰分析をすれば、簡単にこの問題を解決してくれます。

それでは、GDPにトレンドTを加えて、時系列重回帰分析を行ってみましょう。

◆表8.12
トレンドTを加えたデータ

年	需要台数	GDP	トレンドT
1995年	4	5.0	1
1996年	6	6.0	2
1997年	5	4.6	3
1998年	7	5.5	4
1999年	12	5.8	5
2000年	8	1.2	6
2001年	9	2.0	7
2002年	?	3.0	8

出力結果

◆表8.13
重回帰分析の結果

重回帰式

説明変数名	回帰係数	標準回帰係数	単相関	符号チェック
切片	−3.4013			
GDP	1.0276	0.7324	−0.1486	×
トレンドT	1.5671	1.2583	0.7456	

[精度]

決定係数	R2 =	0.8294
自由度修正済み決定係数	R2' =	0.7441

[分散分析表]

	自由度	平方和	不偏分散	分散比	(P-値)	判定
回帰	2	36.0185	18.0093	9.7216	0.0291	[*]
残差	4	7.4100	1.8525			
合計	6	43.4286				

結果を見ると、マルチコ（132ページ参照）が起こっていますので、ここで作られた重回帰は予測に適用できないと、ほとんどの人は判断してしまいます。

表8.13の符号チェックで×がつきましたが、単相関の−0.1486が誤りで、真の相関は図8.6より0.7847であるので、マルチコではありません。したがって、表8.13の回帰係数がプラスの値になったことが、正しい結果といえます。

時系列重回帰は、真の相関を回帰係数に反映して算出してくれたのです。

重回帰式に問題がなく、決定係数は0.8294と高く、分散分析表の判定に［*］があることから、この重回帰式は予測に使えると判断できました。

第8章

次に2002年を予測してみます。

$$y = 1.0276x_1 + 1.5671x_2 - 3.4013$$

↑ GDP　↑ トレンドT

$$= 1.0276 \times 3 + 1.5671 \times 8 - 3.4013 = 12.2$$（十万台）

これにより2002年のパソコン需要台数は、122万台が見込まれます。

重回帰式の係数について解釈すると次のようになります。

トレンドTの係数1.5671（十万台）より、需要台数はGDPなどの景気とは無関係に、毎年15万7千台ずつ増えることを意味しています。

GDPの係数は1.0276（十万台）より、GDPが1%アップすれば需要台数は10万3千台増えます。

このことから需要台数は、すう勢的増え方にGDPの増減がからみ、決定されていることがわかるでしょう。

8.4 Excelデータ分析で時系列重回帰分析を行う

表8.14は、大手住宅販売会社における月別の分譲住宅販売戸数を示したものです。

住宅販売戸数はGDP（国内総生産）、この会社のホームページのヒット数、マーケティング施策の影響を受け、売れ行きが決まると判断し、表8.14のデータを収集しました。

例題8-1

表8.14に時系列重回帰分析を行い、2002年1月～12月の分譲住宅販売戸数の予測を行いなさい。

Excel 多変量解析演習用データ　シート名「住宅販売戸数」

変数相互の相関を算出します。

表8.14のデータを、株式会社アイスタットのホームページよりダウンロードします。

ダウンロードの方法は、本書269ページをご参照ください。

「多変量解析演習用データ.xlsx」を開き、シート名「住宅販売戸数」を選択します。

◆表8.14
時系列データ

	分譲住宅販売戸数	GDP	HPヒット数	マーケティング施策	
1999.01	13	−0.1	1280	0	
1999.02	19	0.9	1310	0	
1999.03	29	0.5	1250	0	
1999.04	21	1.2	1370	0	
1999.05	19	1.5	1200	1	キャンペーン実施
1999.06	34	0.8	1800	0	
1999.07	27	1.8	1110	0	
1999.08	19	1.1	1250	0	
1999.09	32	2.0	1260	0	
1999.10	46	2.5	1400	1	新聞での紹介記事（高評価）
1999.11	51	1.8	1500	0	
1999.12	59	2.0	1250	0	
2000.01	54	1.8	1180	0	
2000.02	73	1.0	1200	−1	取引施工会社に欠陥住宅発生
2000.03	86	0.5	1250	0	
2000.04	55	0.1	1480	0	
2000.05	48	−0.4	1070	0	
2000.06	52	−0.6	1230	0	
2000.07	49	−0.5	1250	0	
2000.08	32	−1.0	1410	0	
2000.09	45	−1.5	1200	0	
2000.10	49	−1.7	1070	−1	新聞での紹介記事（低評価）
2000.11	45	−1.9	980	0	
2000.12	41	−1.6	1250	0	
2001.01	49	−1.3	1210	0	
2001.02	70	−0.9	1350	0	
2001.03	141	−0.4	1510	1	キャンペーン実施
2001.04	90	−0.5	1050	0	
2001.05	70	0.0	1120	0	
2001.06	90	−0.1	1300	0	
2001.07	85	−0.2	1030	1	新聞での紹介記事（高評価）
2001.08	64	0.3	990	0	
2001.09	81	0.2	1030	0	
2001.10	93	0.7	1050	0	
2001.11	90	0.6	1100	0	
2001.12	80	0.8	1100	0	
2002.01		0.8	1200	0	
2002.02		0.9	1400	1	ISO資格取得予定
2002.03		0.9	1300	0	
2002.04		1.0	1200	0	
2002.05		1.0	1400	1	キャンペーン実施
2002.06		1.1	1300	0	
2002.07		1.1	1100	0	
2002.08		1.2	1100	0	
2002.09		1.2	1300	0	
2002.10		1.3	1300	0	
2002.11		1.3	1200	0	
2002.12		1.4	1200	0	

国が発表した予測数値　当社の見込み　計画

解　答

❶ 販売台数の時系列グラフを作成します。

❷ グラフの傾向は、直線的増加と判断します。

◆図8.7
分譲住宅販売戸数の時系列グラフ

❸ トレンドTを1、2、3、…として説明変数に追加します。

❹ Excelデータ分析で重回帰分析を行います。

❺「多変量解析演習用データ.xlsx」を開き、シート名「住宅販売戸数」を選択します。

❻ ［データ］→［データ分析］→［回帰分析］を選択します。

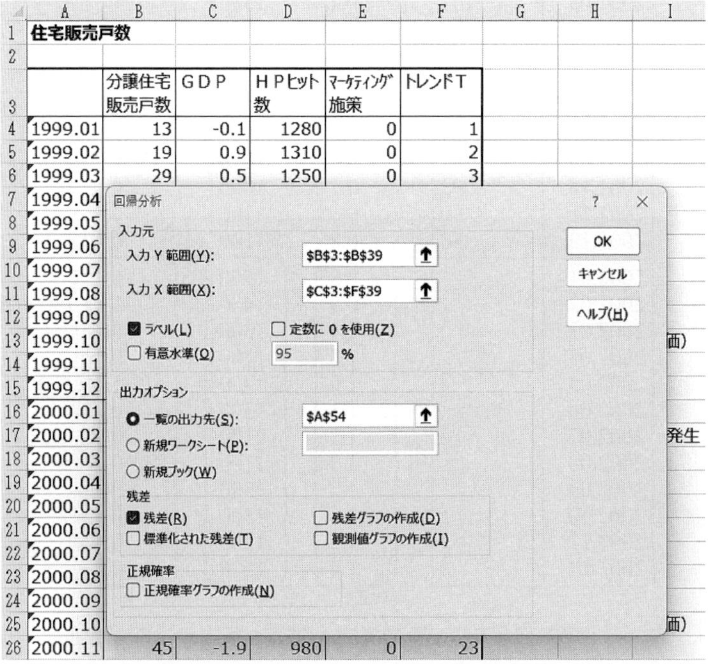

◆図8.8
入力方法

❼ 下記の結果が、出力されます。

出力結果

◆表 8.15
出力結果と
符号チェック

概要

決定係数

回帰統計	
重相関 R	0.8199
重決定 R2	0.6722

分散分析表

P- 値

	自由度	変動	分散	観測された分散比	有意 F
回帰	4	18125.143	4531.286	15.895	0.00000
残差	31	8837.607	285.084		
合計	35	26962.750			

	係数	単相関	符号チェック
切片	−39.9299		
GDP	5.4655	−0.1587	×
HP ヒット数	0.0376	−0.1727	×
マーケティング施策	3.9224	0.1451	
トレンド T	2.5688	0.7591	

回帰係数

相関分析で住宅販売戸数と説明変数との相関を求め、ここに割り付ける。

注：163 ページの分散分析表の項目名と Excel で出力された項目名は異なっています。

注：単相関、符号チェックは Excel の回帰分析では出力されません。

決定係数は、127 ページで示した「非常に良い　0.8 以上」を下回りましたが、「やや良い　0.5 以上」を上回り、*P*- 値も 0.01 より小さいので、重回帰式は予測に使えると判断できます。

符号逆転が起こっていますが、これはマルチコではありません。GDP や HP ヒット数の真の相関はプラスであるべきなのに、単相関がマイナスになっていることが誤りです。したがって、GDP や HP ヒット数の回帰係数のプラスが正しいのです。

重回帰式に 2002 年の説明変数を代入し、予測します。

❽ 実績値、評価値、予測値のグラフを作成します。

◆図8.9 実績値、理論値、予測値のグラフ

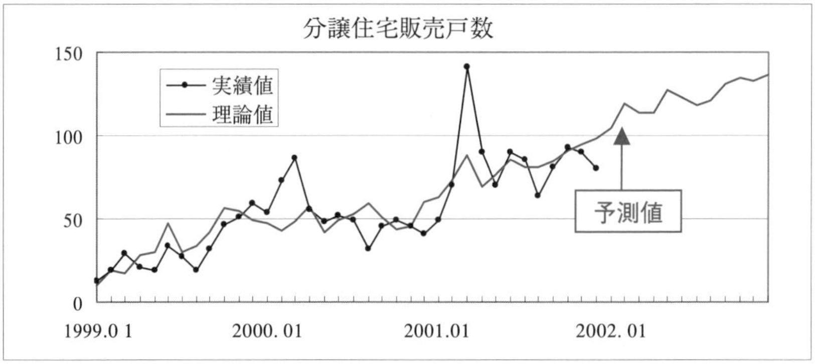

別　解

グラフを見ると、実績値と理論値が大きく異なるところがあります。

もう少し精度の良い式の作り方を考えてみましょう。

表8.14のデータを見ると、毎年3月は売れ、8月は売れないという傾向が見られます。

そこで、どの月が売れる（売れない）を表す季節指数を作成します。

季節指数作成の手順を示します。

❶ 表8.14の住宅販売戸数を、次のように並べ替えます。

◆表8.16 分譲住宅販売戸数の月別平均

月	1999	2000	2001	平均
1	13	54	49	38.7
2	19	73	70	54.0
3	29	86	141	85.3
4	21	55	90	55.3
5	19	48	70	45.7
6	34	52	90	58.7
7	27	49	85	53.7
8	19	32	64	38.3
9	32	45	81	52.7
10	46	49	93	62.7
11	51	45	90	62.0
12	59	41	80	60.0

全体平均	55.6

❷ 月ごとに3年間の平均値を算出します。

❸ 全体平均を求めます。

❹ 各月の平均を全体平均で割り、季節指数を算出します。

◆表8.17
季節指数の算出

月	平均	季節指数
1	38.7	0.7
2	54.0	1.0
3	85.3	1.5
4	55.3	1.0
5	45.7	0.8
6	58.7	1.1
7	53.7	1.0
8	38.3	0.7
9	52.7	0.9
10	62.7	1.1
11	62.0	1.1
12	60.0	1.1

❺ 季節指数を説明変数に加え、時系列重回帰分析を行います。
❻ 季節指数は各年同じ値をセットします。
❼ 下記画面に従って［データ分析］の［回帰分析］を実行してください。
画面のデータは多変量解析演習用データ.xlsxのシート名「住宅販売戸数2」です。

◆図8.10
入力方法

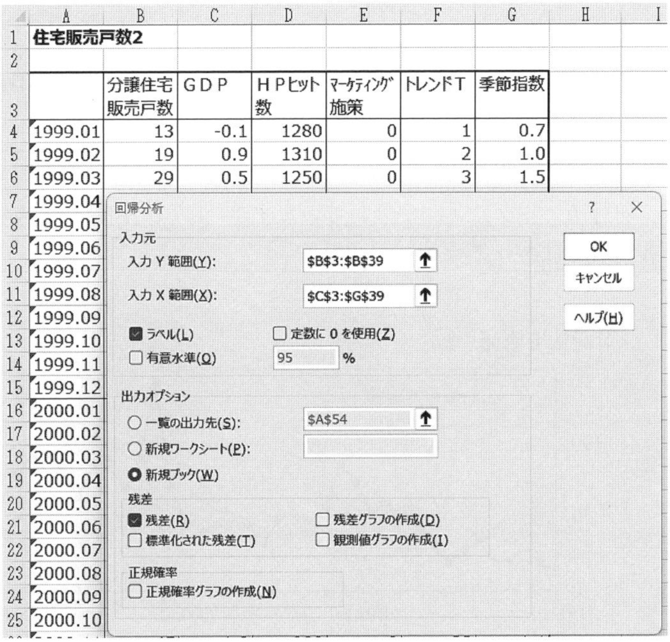

出力結果

◆表8.18
出力結果と符号チェック

概要

決定係数

回帰統計	
重相関R	0.8942
重決定R2	0.7995

分散分析表

	自由度	変動	分散	観測された分散比	有意F
回帰	5	21557.471	4311.494	23.929	0.00000
残差	30	5405.279	180.176		
合計	35	26962.750			

	係数	単相関	符号チェック
切片	−64.8640		
GDP	5.2693	−0.1587	×
HPヒット数	0.0222	−0.1727	×
マーケティング施策	2.2914	0.1451	
トレンドT	2.4042	0.7591	
季節指数	47.0928	0.4352	

注：163ページの分散分析表の項目名とExcelで出力された項目名は異なっています。

注：単相関、符号チェックはExcelの回帰分析では出力されません。

符号チェックに×印がついていますが、この例題は163ページで示したようにマルチコではありません。

◆図8.11
実績値、理論値、予測値の時系列グラフ

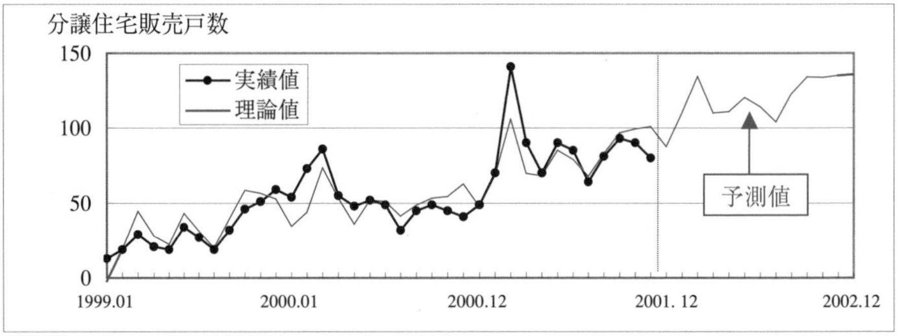

決定数は0.6722から0.7995と高まり、グラフでも実績値と理論値は近い値でした。月次データの時系列重回帰分析では、トレンドTに加え、季節指数を加味することがポイントです。

第9章

主成分分析

9.1 主成分分析で明らかにできること

主成分分析は、説明変数相互の関係を調べ、新しい概念の目的変数を導く関係式を作成します。

関数式は複数個存在し、1つは「総合力」を、他は相反する概念の目的変数を導く式となります。

> **注** 新しい概念の目的変数を潜在変数といいます。

主成分分析は、関係式を用いて次のことを明らかにします。

① **説明変数の新目的変数（潜在変数）への貢献度、重要度**

② **個体（サンプル）の新目的変数（潜在変数）での評価**

先に取り上げた「タレント分析」で復習してみます。

主成分分析によって2つの関数式が作成され、1つはタレント**総合能力**、他は**系別能力**（アイドル系・お笑い系）という目的変数を導く式であることがわかりました。この関係式の係数を用い、5つの評価項目のタレント総合能力および系別能力への重要度を調べました。

また受験者個々の評価点を関係式に代入し、受験者のタレント総合能力得点、系別能力得点を明らかにしました。

9.2 主成分分析でできる適用データ

◆ カテゴリーデータへの適用は

数量データ、カテゴリーデータどちらでも適用できます。

ただしカテゴリーデータの場合、重回帰分析のところで説明したダミー変数に変換し、主成分分析を適用します。

カテゴリーデータの適用は可能ですが、次の理由から、主成分分析ではほとんどカテゴリーデータは適用しません。

それは、主成分分析は「総合力」を分析することがメインテーマであることです。

例えば、学生であれば総合学力を明らかにするために学力テストの成績をデータとします。スポーツ選手であれば総合体力を明らかにするために、身長や体重、体力テストをデータとするはずです。

この例からもわかるように、総合力を導きやすいデータがベースになっています。もし、性別、血液型などのカテゴリーデータをダミー変数にして主成分分析を行った場合、どのような総合力が導かれるのでしょうか。一般的にカテゴリーデータから導かれる総合力は存在しないことが多いので、カテゴリーデータは主成分分析に適用する概念がないということです。

◆ 主成分分析が適用できない数量データもある

次のデータは小学校6年生の10人について「50m走・跳び箱」「図画工作」「歌・踊り」の技能を100点満点で評価したものです。

◆表9.1
ジャンル別点数

	50m走・跳び箱	図画工作	歌・踊り
A	50	20	40
B	90	10	30
C	50	40	50
D	30	50	50
E	30	60	70
F	40	50	60
G	60	30	40
H	50	30	50
I	40	40	60
J	70	20	20

このデータに主成分分析を適用すると、次の関係式が導かれました。

$$y_1 = -0.58x_1 + 0.58x_2 + 0.57x_3 \quad \cdot\cdot\cdot（式9.1）$$

$$y_2 = \quad 0.62x_1 - 0.14x_2 + 0.77x_3 \quad \cdot\cdot\cdot（式9.2）$$

↑ 50m走・跳び箱　↑ 図画工作　↑ 歌・踊り

係数のグラフを書いてみます。

◆図9.1
係数の横棒グラフ

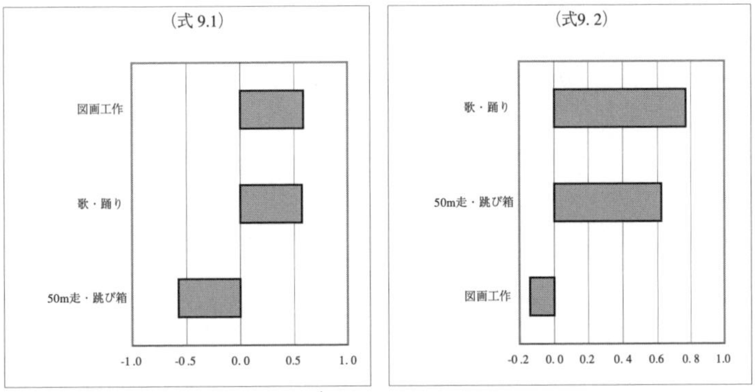

これでは、総合力は求められません。なぜ、導かれなかったのでしょうか。

ここで、説明変数相互の単相関係数を算出してみます。

◆表9.2
相関係数

	50m走・跳び箱	図画工作	歌・踊り
50m走・跳び箱	1.0000	−0.8912	−0.8306
図画工作	−0.8912	1.0000	0.8699
歌・踊り	−0.8306	0.8699	1.0000

単相関係数の値を見ると、プラスで値が大きいもの、マイナスで絶対値が大きいものが混在しています。表6.7で取り上げたテスト成績の相関と比べてみましょう。

◆表9.3
データ：
テスト成績

	数学	国語	英語
A	90	65	55
B	46	50	50
C	63	63	58
D	50	40	48
E	55	32	40

◆表9.4
単相関係数

	数学	国語	英語
数学	1.0000	0.6778	0.5001
国語	0.6778	1.0000	0.9544
英語	0.5001	0.9544	1.0000

説明変数相互の相関は全てプラスになっています。

表9.3に主成分分析を適用した時、総合学力が導かれたのは、説明変数相互の相関がプラス、すなわち類似した項目を用いたからです。

一方、表9.1において、総合力が導かれなかったのは、説明変数相互の相関にプラスとマイナスがある、すなわち相反する概念のデータが存在したからです。

相反するとは、表9.1のデータや表9.2の相関を見れば一目瞭然ですが、50m走・跳び箱の点が高い生徒は、図画工作や歌・踊りが低い点の傾向が高い（逆もしかり）ということです。

3種目とも得点が高い生徒、逆に3種目とも得点が低い生徒が多ければ総合力が導けるのですが、この例のように全て良い生徒や全て悪い生徒がいない、すなわち片方が良ければ片方が悪いといったデータの場合は、総合力が導けないということです。

導けないというより、総合力を導くことに意味がないといった方が良いかもしれません。

図9.1を解釈すると、3種目から作られる能力は（式9.1）から「芸術能力」、「運

動能力」（式9.2）からは「反射能力」、「器用性能力」の系別能力が考えられます。

> **注**　「芸術能力」と「運動能力」を合わせた総合力を考えても意味がないということになります。

解　答

数量データであっても、説明変数相互の相関をとったとき、プラスとマイナスが混在するデータ、すなわち相反する概念の変数データが混在する場合、主成分分析は行えても、総合力は導けません。

◆ 変数の個数とマルチコについて

変数の数をq、個体数（サンプルサイズ）をnとしたとき、重回帰分析では$n-q-1>0$でなければならないことを述べました。

主成分分析においては、この制約はなく、個体数より変数が多くてもかまいません。

ただし、**変数は２つ以上、個体数は３つ以上**なければなりません。

また重回帰分析でみられたマルチコ現象は発生しませんので、説明変数相互で高い相関があってもかまいません。

9.3 主成分分析の係数はどのように求められるか

表9.3のデータを再掲します。

◆表9.5
データ：
テスト成績

	数学	国語	英語
A	90	65	55
B	46	50	50
C	63	63	58
D	50	40	48
E	55	32	40

このデータに主成分分析を行うと、2つの関係式が導かれ、関係式の係数は次のようになることを図6.3で述べました。

◆表9.6
主成分分析の結果

	係数	
	関係式1（式6.6）	関係式2（式6.7）
数学	0.5026	−0.8417
国語	0.6297	0.1997
英語	0.5924	0.5017

主成分分析における関係式の係数はどのようにして求められるかを考えてみます。

◆ 関係式1（式6.2）の係数

科目間相互の単相関係数を算出します。

◆表9.7
単相関係数

	数学	国語	英語	横計
数学	1.0000	0.6778	0.5001	2.178
国語	0.6778	1.0000	0.9544	2.632
英語	0.5001	0.9544	1.0000	2.454

科目間相互の相関を見ると国語と英語の相関が0.9544で1番大きく、次に国語と数学の0.6778が続き、3番目は数学と英語の0.5001となります。

整理してみます。

国語→	英語との相関（0.9544）1位	数学との相関（0.6778）2位
英語→	国語との相関（0.9544）1位	数学との相関（0.5001）3位
数学→	国語との相関（0.6778）2位	英語との相関（0.5001）3位

上記の相関を見ると、国語は、英語や数学2科目と関わり合いがありそうです。

表9.7の相関行列において横計を算出すると、このことがより明確となります。

横計をみると、国語が最も高く、次に英語、数学が続きます。

国語が、他の2科目との関わり合いが深いということは、英語や数学の成績を上げるのに、国語は重要な科目だということです。

関係式1（式6.6）の係数は横計の順位に一致するように算出されます。

表6.3で紹介したタレント分析の結果でこのことを確認すると（表9.8）、確かに横計と関係式1（式6.2）の係数の大小関係は一致しています。

◆表9.8
単相関係数

	歌唱力	ものまね	瞬間芸	踊り	容姿	横計
歌唱力	1.0000	0.4847	0.2631	0.2786	0.3979	2.4243
ものまね	0.4847	1.0000	0.6138	0.1342	−0.0740	2.1587
瞬間芸	0.2631	0.6138	1.0000	0.1382	0.1342	2.1493
踊り	0.2786	0.1342	0.1382	1.0000	0.5795	2.1305
容姿	0.3979	−0.0740	0.1342	0.5795	1.0000	2.0376

➡

	(式6.2)
歌唱力	0.5700
ものまね	0.5314
瞬間芸	0.4233
踊り	0.3134
容姿	0.3396

「タレント総合能力を評価するのに歌唱力の重要度が一番である」ということを前に述べましたが、この理由は、歌唱力は他の評価項目との関わり合いが深い、すなわちどの項目も上手になるには歌が上手でなければならないということがいえたからです。

◆ 関係式2（式6.3）の係数

表9.8における、関係式1（式6.2）で重要度1位の「歌唱力」を除いた4項目相互の相関を見てください。

最も相関が高かったのは「ものまね」と「瞬間芸」の0.6138、次に「踊り」と「容姿」の0.5795です。「ものまね」と「瞬間芸」は類似しているのでお笑い系項目と名称します。同様に「踊り」と「容姿」をアイドル系項目と名称します。

お笑い系項目とアイドル系項目の相関をみると、いずれも低くなっています。

◆図9.2
お笑い系項目とアイドル系項目の相関

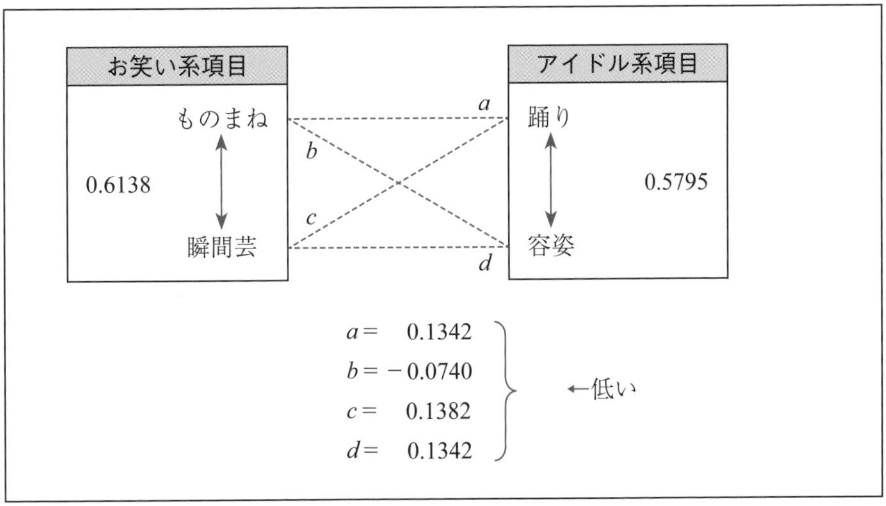

関係式2（式6.3）の係数は、お笑い系項目とアイドル系項目を判別するように、前者はマイナス、後者はプラスの値がつけられています。

関係式1（式6.2）で1番の歌唱力は（式6.3）では、0に近い値となります。

関係式2（式6.3）の係数は項目相互の類似度から付けられると理解してください。

9.4 主成分分析における用語

主成分分析における関係式は複数個存在します。

主成分分析に適用した変数の個数がp個、関係式がm個の場合、主成分分析の関係式は次のように表されます。

$$
\begin{aligned}
Z_1 &= a_{11}x_1 + a_{12}x_2 + \cdots + a_{1p}x_p \\
Z_2 &= a_{21}x_1 + a_{22}x_2 + \cdots + a_{2p}x_p \\
&\vdots \\
Z_m &= a_{m1}x_1 + a_{m2}x_2 + \cdots + a_{mp}x_p
\end{aligned}
\quad \cdots（式9.3）
$$

（主成分分析はyでなくzを用いるのが一般的です。）

j番目関係式を**主成分**j（あるいは第j主成分）といいます。

主成分（関係式）の数は、適用した説明変数の個数まで求められます。

主成分の重要度を示す値を**固有値**といいます。固有値を用いて、適用する主成分の数を決めます。

関係式の係数を**固有ベクトル**といいます。

関係式にデータを代入し求められた得点を**主成分得点**といいます。

9.5 相関行列、分散共分散行列

主成分分析において公式は2つ存在し、1つは相関行列を、もう1つは分散共分散行列を用いた公式となります。

前者を**相関行列主成分分析**、後者を**分散共分散行列主成分**といいます。

まずはじめに、相関行列主成分分析の公式を紹介します。

公式は、ここでは3変数の場合で紹介しますが、4変数以上にも拡張できます。

公　式

■ 相関行列

$$\begin{vmatrix} r_{11} & r_{12} & r_{13} \\ r_{21} & r_{22} & r_{23} \\ r_{31} & r_{32} & r_{33} \end{vmatrix} \quad \text{ただし} r_{11}=r_{22}=r_{33}=1$$

注：単相関係数を行列で表したものを相関行列といいます。

■ 固有値

主成分得点の分散を固有値といい、λ（ラムダ）で表します。

■ 固有方程式

次の方程式を解くことによって固有値（主成分得点の分散）が求まります。

$$\begin{vmatrix} r_{11}-\lambda & r_{12} & r_{13} \\ r_{21} & r_{22}-\lambda & r_{23} \\ r_{31} & r_{32} & r_{33}-\lambda \end{vmatrix}=0 \qquad \cdot\cdot\cdot\text{（式 9.4）}$$

上記方程式を固有方程式といいます。

行列式の計算により

$$\begin{aligned}&(r_{11}-\lambda)(r_{22}-\lambda)(r_{33}-\lambda)+r_{13}r_{21}r_{32}+r_{12}r_{23}r_{31}\\&-r_{13}(r_{22}-\lambda)r_{31}-(r_{11}-\lambda)r_{23}r_{32}-r_{12}r_{21}(r_{33}-\lambda)=0\end{aligned} \qquad \cdot\cdot\cdot\text{（式 9.5）}$$

■ 連立方程式

上記によってλを求め、λを下記式に代入し、連立方程式を解くと固有ベクトルa_1、a_2、a_3が求まります。

$$\begin{cases} r_{11}a_1+r_{12}a_2+r_{13}a_3-\lambda a_1=0 \\ r_{21}a_1+r_{22}a_2+r_{23}a_3-\lambda a_2=0 \\ r_{31}a_1+r_{32}a_2+r_{33}a_3-\lambda a_3=0 \\ a_1{}^2+a_2{}^2+a_3{}^2=1 \\ r_{12}a_1a_2+r_{13}a_1a_3+r_{23}a_2a_3=(\lambda-1)/2 \end{cases} \qquad \cdot\cdot\cdot\text{（式 9.6）}$$

第9章

◆ 具体例での固有ベクトルの算出

では、ここで表9.5（175ページ）のデータについて固有ベクトルを求めます。

◆表9.9
相関行列

	数学	国語	英語
数学	r_{11}	r_{12}	r_{13}
国語	r_{21}	r_{22}	r_{23}
英語	r_{31}	r_{32}	r_{33}

=

	数学	国語	英語
数学	1.0000	0.6778	0.5001
国語	0.6778	1.0000	0.9544
英語	0.5001	0.9544	1.0000

◆表9.10
固有方程式

$$\begin{bmatrix} r_{11}-\lambda & r_{12} & r_{13} \\ r_{21} & r_{22}-\lambda & r_{23} \\ r_{31} & r_{32} & r_{33}-\lambda \end{bmatrix} = \begin{bmatrix} 1-\lambda & 0.6778 & 0.5001 \\ 0.6778 & 1-\lambda & 0.9544 \\ 0.5001 & 0.9544 & 1-\lambda \end{bmatrix} = 0$$

行列式の計算より

$$(1-\lambda)^3 + 0.6778 \times 0.9544 \times 0.5001 + 0.5001 \times 0.6778 \times 0.9544$$
$$-0.5001^2 \times (1-\lambda) - (1-\lambda) \times 0.9544^2 - (1-\lambda) \times 0.6778^2 = 0$$

整理すると

$$(1-\lambda)^3 - 1.6202735 \times (1-\lambda) + 0.6469466 = 0 \qquad \cdot\cdot\cdot（式9.6）$$

$$\lambda = 2.4387 \qquad \lambda = 0.5411 \qquad \lambda = 0.0202 \qquad \cdot\cdot\cdot（式9.7）$$

この3次方程式はExcelの「ゴールシーク」という機能によって解法しました。

注 Excelの「ゴールシーク」を使う方法は付録　付-1で解説していますのでぜひExcelを使って解いてみてください。

■ チェック

求められた3つの「λ」を加算すると、説明変数の数に一致します。

説明変数の個数＝3

λの合計＝2.4387＋0.5411＋0.0202＝3

■ 固有値の選択

最大のλを主成分1、2番目を主成分2、3番目を主成分3とします。

λが小さい主成分（関数式）は適用しません。

この例では主成分1と主成分2を適用します。

主成分（関数式）の選択方法→188ページ参照

■ 連立方程式

$\lambda=2.4387$ と $\lambda=0.5411$ それぞれについて、固有ベクトルを算出します。

$\lambda=2.4387$ の場合

$$\begin{cases} a_1+0.6778a_2+0.5001a_3-2.4387a_1=0 \\ 0.6778a_1+a_2+0.9544a_3-2.4387a_2=0 \\ 0.5001a_1+0.9544a_2+a_3-2.4387a_3=0 \\ a_1^2+a_2^2+a_3^2=1 \\ 0.6778a_1a_2+0.5001a_1a_3+0.9544a_2a_3=(2.4387-1)\div 2 \end{cases} \quad \cdots（式9.8）$$

$$a_1=0.5026 \quad a_2=0.6297 \quad a_3=0.5924 \quad \cdots（式9.9）$$

この連立方程式は、Excelの「ソルバー」という機能によって解法しました。

> **注** Excelの「ソルバー」を使う方法は付録　付-1で解説していますのでぜひExcelを使って解いてみてください。

$\lambda=0.5411$ の場合

$$\begin{cases} a_1+0.6778a_2+0.5001a_3-0.5411a_1=0 \\ 0.6778a_1+a_2+0.9544a_3-0.5411a_2=0 \\ 0.5001a_1+0.9544a_2+a_3-0.5411a_3=0 \\ a_1^2+a_2^2+a_3^2=1 \\ 0.6778a_1a_2+0.5001a_1a_3+0.9544a_2a_3=(0.5411-1)\div 2 \end{cases} \quad \cdots（式9.10）$$

ソルバーによって解法すると

$$a_1=-0.8417 \quad a_2=0.1997 \quad a_3=0.5017 \quad \cdots（式9.11）$$

◆ 様々なデータ種別、データ単位に適用できる相関行列主成分分析

表9.5における数学の得点を1/10にしても、基準値に置き換えても、3項目相互の相関係数は同じ値になります。

したがって、相関行列を用いた主成分分析における固有値、固有ベクトルも値は変わりません。

基準値に置き換えた結果が変わらないということは、データ種別（cm、kgなど）やデータ単位（1万円、100万円など）の違いによる影響を受けずに、総合能力、系別能力が算出できるということです。

表9.11は、得点データと基準値データそれぞれに相関行列主成分分析を適用したものです。

結果が変わらないことを確認してください。

◆表9.11
データと基準値

＜得点＞

	数学	国語	英語
A	90	65	55
B	46	50	50
C	63	63	58
D	50	40	48
E	55	32	40

＜基準値＞

	数学	国語	英語
A	1.67	1.05	0.69
B	−0.85	0.00	−0.03
C	0.13	0.91	1.12
D	−0.62	−0.70	−0.32
E	−0.33	−1.26	−1.47

（得点－平均）÷標準偏差

◆表9.12
相関行列

	数学	国語	英語
数学	1.0000	0.6778	0.5001
国語	0.6778	1.0000	0.9544
英語	0.5001	0.9544	1.0000

＝

	数学	国語	英語
数学	1.0000	0.6778	0.5001
国語	0.6778	1.0000	0.9544
英語	0.5001	0.9544	1.0000

◆表9.13
固有値と固有ベクトル

主成分No.	固有値
1	2.4387
2	0.5411

＝

主成分No.	固有値
1	2.4387
2	0.5411

固有ベクトル

	主成分1	主成分2
数学	0.5026	−0.8417
国語	0.6297	0.1997
英語	0.5924	0.5017

＝

固有ベクトル

	主成分1	主成分2
数学	0.5026	−0.8417
国語	0.6297	0.1997
英語	0.5924	0.5017

9.6 分散共分散行列主成分分析

次は、分散共分散行列主成分分析の公式です。

公　式

■ 分散共分散行列

$$\begin{vmatrix} v_{11} & v_{12} & v_{13} \\ v_{21} & v_{22} & v_{23} \\ v_{31} & v_{32} & v_{33} \end{vmatrix}$$

注：変数の分散、変数相互の共分散（積和÷個体数）を行列で表したものを、分散共分散行列といいます。

■ 固有方程式

$$\begin{vmatrix} v_{11}-\lambda & v_{12} & v_{13} \\ v_{21} & v_{22}-\lambda & v_{23} \\ v_{31} & v_{32} & v_{33}-\lambda \end{vmatrix} = 0 \quad \cdots（式 9.12）$$

■ 連立方程式

$$\begin{cases} v_{11}a_1 + v_{12}a_2 + v_{13}a_3 - \lambda a_1 = 0 \\ v_{21}a_1 + v_{22}a_2 + v_{23}a_3 - \lambda a_2 = 0 \\ v_{31}a_1 + v_{32}a_2 + v_{33}a_3 - \lambda a_3 = 0 \\ a_1^2 + a_2^2 + a_3^2 = 1 \\ v_{12}a_1a_2 + v_{13}a_1a_3 + v_{23}a_2a_3 = (\lambda - 1)/2 \end{cases} \quad \cdots（式 9.13）$$

◆ 具体例で固有ベクトルの算出

表 9.3（174 ページ）のデータについて固有ベクトルを求めます。

◆表 9.14 分散共分散行列

	数学	国語	英語
数学	V_{11}	V_{12}	V_{13}
国語	V_{21}	V_{22}	V_{23}
英語	V_{31}	V_{32}	V_{33}

＝

	数学	国語	英語
数学	306.70	169.75	60.80
国語	169.75	204.50	94.75
英語	60.80	94.75	48.20

◆表9.15
固有方程式

$$\begin{bmatrix} V_{11}-\lambda & V_{12} & V_{13} \\ V_{21} & V_{22}-\lambda & V_{23} \\ V_{31} & V_{32} & V_{33}-\lambda \end{bmatrix} = \begin{bmatrix} 306.7-\lambda & 169.75 & 60.80 \\ 169.75 & 204.5-\lambda & 94.75 \\ 60.80 & 94.75 & 48.2-\lambda \end{bmatrix} = 0$$

行列式の計算より

$$(306.7-\lambda)(204.5-\lambda)(48.2-\lambda)+60.8\times169.75\times94.75\times169.75\times94.75\times60.8$$
$$-60.8^2\times(204.5-\lambda)-(306.7-\lambda)\times94.75^2-169.75^2\times(48.2-\lambda)=0$$

整理すると

$$(306.7-\lambda)(204.5-\lambda)(48.2-\lambda)-3696.64\times(204.5-\lambda)$$
$$-8977.5625\times(306.7-\lambda)-28815.0625\times(48.2-\lambda)+1955791.6=0 \quad \cdot\cdot\cdot(\text{式}9.14)$$

Excelのゴールシークで解法すると、

$$\lambda=460.08 \qquad \lambda=97.52 \qquad \lambda=1.8 \qquad \cdot\cdot\cdot(\text{式}9.15)$$

■ チェック

求められた3つの「λ」を加算すると、3つの変数の分散の合計に一致します。

分散の合計 $=360.7+204.5+48.2=559.4$

λ の合計 $=460.08+97.52+1.8=559.4$

主成分の選択方法によって、主成分1、主成分2を適用します。

■ 連立方程式

$\lambda=460.08$ の場合

$$\begin{cases} 306.70a_1 + 169.75a_2 + 60.80a_3 - 460.08a_1 = 0 \\ 169.75a_1 + 204.50a_2 + 94.75a_3 - 460.08a_2 = 0 \\ 60.80a_1 + 94.75a_2 + 48.20a_3 - 460.08a_3 = 0 \\ 169.75a_1a_2 + 60.8a_1a_3 + 94.75a_2a_3 = (460.08-1)\div 2 \end{cases}$$

この連立方程式をExcelのソルバーを使って解くと、

$$a_1=0.7613 \qquad a_2=0.5983 \qquad a_3=0.2500 \qquad \cdot\cdot\cdot(\text{式}9.16)$$

$\lambda=97.52$ の場合

同様に a_1、a_2、a_3 を求めると

$$a_1=-0.6409 \qquad a_2=0.6354 \qquad a_3=0.4307 \qquad \cdot\cdot\cdot(\text{式}9.17)$$

◆ 分散共分散行列主成分分析における係数の意味

表9.16に示すように、数学の得点を1/10にして分散共分散行列主成分分析を行ってみました。

表9.17に示すように、データの位どりを変えたことにより分散や共分散が異なるため、分散共分散行列主成分分析の結果も当然異なります。

表9.18において、主成分1の固有ベクトルを比較すると、左表では数学が1位ですが、右表では国語が1位になっています。したがって各科目の主成分1（総合力）への重要度は単純には比較できません。

データ単位（cm、kgなど）やデータの桁数が異なる変数を用いた場合、分散共分散行列主成分分析は適用しないほうが良いでしょう。

なお、表9.16の左表はデータ単位が同じなので、当手法を使うことは問題ありませんが、次の点に留意して使用してください。

表9.18の固有ベクトル主成分1の順位と表9.7の横計の順位は一致しません。当手法の主成分1の重要度を決める基準は、分散の大きい科目ほど重要と考え、この例では分散が最大の数学が主成分1で1位となっています。

◆表9.16 位どりを変えたデータ

	数学	国語	英語
A	90	65	55
B	46	50	50
C	63	63	58
D	50	40	48
E	55	32	40

数学のみ1/10

	数学	国語	英語
A	9.0	65	55
B	4.6	50	50
C	6.3	63	58
D	5.0	40	48
E	5.5	32	40

◆表9.17 分散共分散行列

	数学	国語	英語
数学	306.70	169.75	60.80
国語	169.75	204.50	94.75
英語	60.80	94.75	48.20

≠

	数学	国語	英語
数学	3.07	16.98	6.08
国語	16.98	204.50	94.75
英語	6.08	94.75	48.20

◆表9.18 主成分分析の結果

主成分	固有値
1	460.08
2	97.52

≠

主成分	固有値
1	250.47
2	4.59

固有ベクトル

	主成分1	主成分2
数学	0.7613	−0.6409
国語	0.5983	0.6354
英語	0.2500	0.4307

≠

固有ベクトル

	主成分1	主成分2
数学	0.0724	−0.5215
国語	0.9024	−0.3289
英語	0.4249	0.7873

9.7 主成分得点

相関行列主成分分析と分散共分散行列主成分分析では、主成分得点の求め方が異なります。

◆ 分散共分散行列主成分分析の主成分得点

表9.5における分散共分散行列主成分分析の関係式は、表9.18（左表）より次となります。

$$z_1 = 0.7613x_1 + 0.5983x_2 + 0.2500x_3$$
$$z_2 = -0.6409x_1 + 0.6354x_2 + 0.4307x_3$$

↑ ↑ ↑
数学　国語　英語

この式に得点を代入します。

●例　A君　$z_1 = 0.7613 \times 90 + 0.5983 \times 65 + 0.2500 \times 55 = 121.15$

$z_2 = -0.6409 \times 90 + 0.6354 \times 65 + 0.4307 \times 55 = 7.31$

全ての人について求めると次になります。

平均値を算出します。

◆表9.19
平均値

	z_1	z_2
A	121.15	7.31
B	77.43	23.83
C	100.15	24.64
D	74.00	14.05
E	71.02	2.31
平均	88.75	14.43

個々の値から平均値を引いたものが主成分得点です。

◆表9.20
主成分得点

	主成分得点	
	主成分1	主成分2
A	32.40	−7.11
B	−11.32	9.40
C	11.40	10.21
D	−14.75	−0.38
E	−17.73	−12.11

留意点

主成分得点の分散を計算すると次になります。

◆表 9.21 主成分得点の分散

主成分 1	主成分 2
460.08	97.52

この値は、表 9.18 の固有値に一致します。

◆ 相関行列主成分分析の主成分得点

表 9.4 における相関行列主成分分析の関係式は表 9.13 より次となります。

$$z_1 = 0.5026x_1 + 0.6297x_2 + 0.5924x_3$$
$$z_2 = -0.8714x_1 + 0.1997x_2 + 0.5017x_3$$

↑ 数学　↑ 国語　↑ 英語

この式に基準値（表 9.11）を代入します。
代入した結果は次となります。
下の表が主成分得点になります。

◆表 9.22 主成分得点

	z_1	z_2
A	1.91	−0.85
B	−0.44	0.70
C	1.30	0.64
D	−0.94	0.22
E	−1.83	−0.71
平均	0.00	0.00

留意点

主成分得点の分散を求めます。

◆表 9.23 主成分得点の分散

主成分 1	主成分 2
2.4387	0.5411

この値は表 9.13 の固有値に一致します。

9.8 関係式（主成分）の数

相関行列主成分分析と分散共分散行列主成分分析では、関係式の数の決め方が一部異なります。

◆ 寄与率と累積寄与率

相関行列主成分分析は全ての固有値の合計と適用した変数の個数とが一致するということを前に述べました。

固有値を変数の個数で割った値を寄与率、該当する主成分までの寄与率の合計を累積寄与率といいます。

（式9.7）の結果を用い寄与率、累積寄与率を求めてみます。

◆表9.24 寄与率、累積寄与率①

主成分No.	主成分1	主成分2	主成分3	計
固有値	$\lambda_1 = 2.4387$	$\lambda_2 = 0.5411$	$\lambda_3 = 0.0202$	3
寄与率	81.3%	18.0%	0.7%	100%
累計寄与率	81.3%	99.3%	100%	

分散共分散行列主成分分析は、全ての固有値の合計と適用した変数の分散合計が一致するということを前に述べました。

固有値を分散合計で割った値を寄与率、該当する主成分までの寄与率の合計を累積寄与率といいます。

（式9.15）の結果を用いて、寄与率、累積寄与率を求めてみます。

◆表9.25 寄与率、累積寄与率②

主成分No.	主成分1	主成分2	主成分3	計
固有値	460.08	97.52	1.8	559.4
寄与率	82.2%	17.4%	0.3%	100%
累計寄与率	82.2%	99.7%	100%	

◆ 関数式（主成分）の数

主成分分析における関数式は少なくとも2つは用います。

2つまでの累積寄与率が70%（ときには60%）を超えない場合は主成分3を用います。関数式を3つにしても70%を超えない場合は主成分4を用います。関数式を5つ使っても累積寄与率が70%を超えない場合、主成分分析はうまくいかなかったと判断してください。

うまくいかない場合は次の2点が考えられます。

① 説明変数が多すぎる。

② 説明変数の類似度を調べパターン化したとき、そのパターンが多すぎる。

うまくいかないときは上記を考慮し、説明変数を見直してください。

9.9 Excelアドインソフトを使って、主成分分析を行う

例題9-1

次の表は、大相撲の幕内力士の30人における身長、体重、胸囲、座高を示したものです。5番目の変数は、体重を身長で割ったものです。

相関行列主成分分析を行い、各力士の総合体力、系別体力を明らかにしなさい。

「学生丸」は来場所から幕内力士になりますが、この力士の総合体力、系別体力を明らかにしなさい。

力士	身長	体重	胸囲	座高	体重/身長
1	185	143	158	94	0.77
2	181	120	110	99	0.66
大山	202	198	210	102	0.98
4	179	188	160	91	1.05
5	181	135	140	97	0.75
6	198	160	173	102	0.81
7	184	195	200	99	1.06
8	179	128	130	95	0.72
9	179	127	130	91	0.71
細い川	195	135	140	102	0.69
11	178	115	120	96	0.65
12	184	138	160	101	0.75
13	180	134	135	94	0.74
14	177	140	125	90	0.79
15	176	165	150	95	0.94
16	194	140	145	107	0.72
17	176	120	120	90	0.68
18	190	180	180	103	0.95
19	180	130	153	93	0.72
20	182	160	160	98	0.88
21	190	132	150	97	0.69
22	175	120	125	91	0.69
23	182	150	130	93	0.82
24	175	117	111	90	0.67
太の花	188	230	230	98	1.22
26	172	112	130	90	0.65
27	181	165	140	93	0.91
28	186	178	170	102	0.96
小の海	171	108	100	89	0.63
30	180	103	112	92	0.57
学生丸	185	100	110	93	0.54

◆ ソフトウェアの実行

Excel 多変量解析演習用データ　シート名「力士」

Excelの機能で計算するのは大変手間なので、主成分分析の計算は株式会社アイスタット作成のソフトウェアを適用して行います。

ソフトウェアのダウンロードの方法は、本書269ページをご参照ください。

既に入力されているデータで操作方法を説明します。

❶ Excel多変量フォルダ内の多変量ソフトウェア.xlsmをダブルクリックすると、Excelのメニューバーにアイスタットソフトウェアが組み込まれます。アドインをクリックすると下記が表示されます。

◆図9.3
［アイスタットソフトウェア］のメニュー

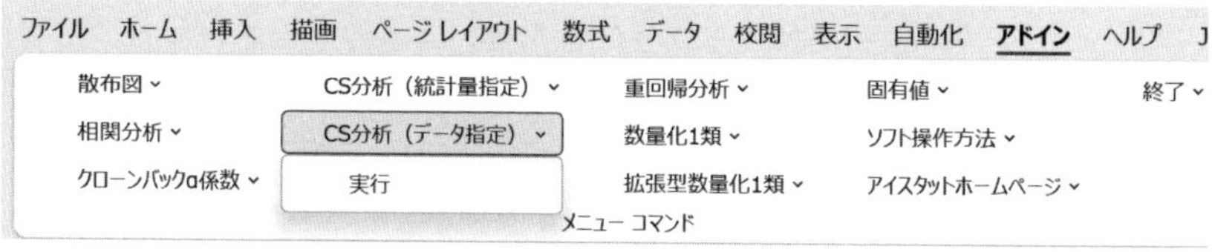

❷ Excel多変量フォルダ内の多変量演習用データ.xlsxを開き、シート名「力士」を指定してください。

❸ メニューバーの［主成分分析］を選択し、実行ボタンを押します。

◆図9.4
［主成分分析］の選択

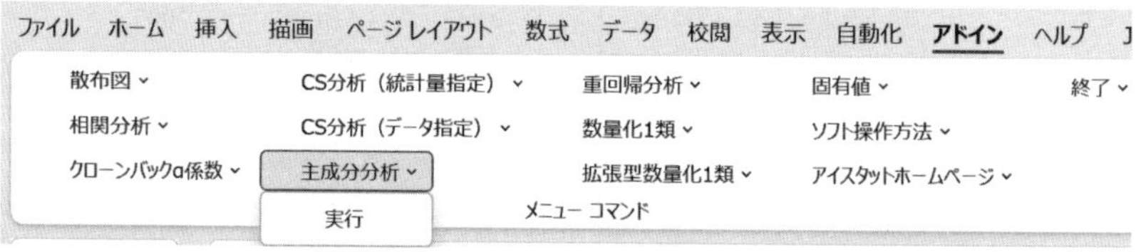

❹ 下記の画面が表示されます。

◆図9.5
［主成分分析］の指定画面

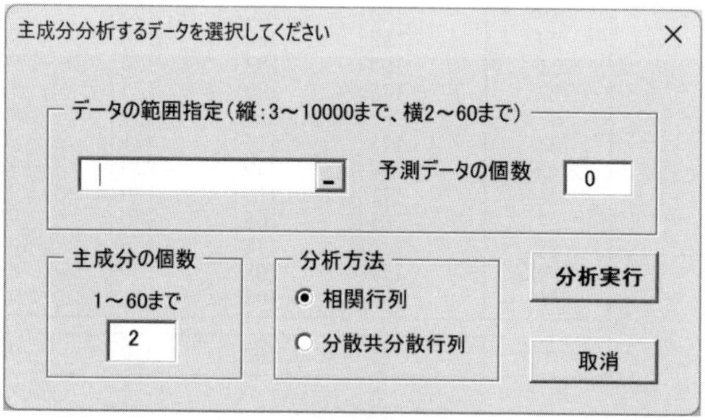

❺ 図9.6に示す指定を行ってください。

◆図9.6 入力方法

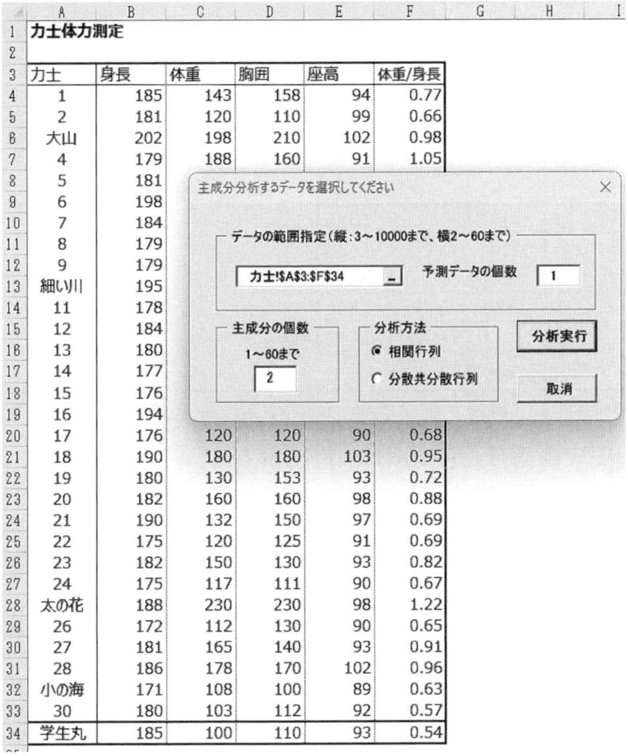

	A	B	C	D	E	F
1	力士体力測定					
2						
3	力士	身長	体重	胸囲	座高	体重/身長
4	1	185	143	158	94	0.77
5	2	181	120	110	99	0.66
6	大山	202	198	210	102	0.98
7	4	179	188	160	91	1.05
8	5	181				
9	6	198				
10	7	184				
11	8	179				
12	9	179				
13	細い川	195				
14	11	178				
15	12	184				
16	13	180				
17	14	177				
18	15	176				
19	16	194				
20	17	176	120	120	90	0.68
21	18	190	180	180	103	0.95
22	19	180	130	153	93	0.72
23	20	182	160	160	98	0.88
24	21	190	132	150	97	0.69
25	22	175	120	125	91	0.69
26	23	182	150	130	93	0.82
27	24	175	117	111	90	0.67
28	太の花	188	230	230	98	1.22
29	26	172	112	130	90	0.65
30	27	181	165	140	93	0.91
31	28	186	178	170	102	0.96
32	小の海	171	108	100	89	0.63
33	30	180	103	112	92	0.57
34	学生丸	185	100	110	93	0.54

■ 範囲指定

ラベルとデータを範囲指定します。

注 個体（回答者）の列は指定しません。

変数の個数は2以上60以下です。

個体数（回答者数）は5以上10,000以下です。

注 予測する場合、予測に用いるデータも指定してください。

■ 予測データの個数

予測に用いるデータの個体数を指定します。

注 この例では全データの個体数は31、予測データの個体数は1なので30（31−1）のデータで主成分分析を行い、31番目のデータについて予測します。

■ 主成分の個数は1以上60以下です。

■ 分析方法は178ページをご覧ください。

出力結果

分析実行のボタンを押すと下記が出力されます。

◆表9.26 アイスタット主成分分析結果①

基本統計量表

項目	平均	標準偏差
身長	182.667	7.489
体重	145.533	30.612
胸囲	146.567	30.294
座高	95.800	4.866
体重/身長	0.795	0.512

観察個体数　30
予測個体数　1

分散・共分散行列表

項目	身長	体重	胸囲	座高	体重/身長
身長	56.0920	117.4943	147.0230	30.2069	0.3975
体重	117.4943	937.0851	842.3080	66.2828	4.5879
胸囲	147.0230	842.3080	917.7023	83.3931	3.9265
座高	30.2069	66.2828	83.3931	23.6828	0.2335
体重/身長	0.3975	4.5879	3.9265	0.2335	0.0233

相関行列表

項目	身長	体重	胸囲	座高	体重/身長
身長	1.0000	0.5125	0.6480	0.8288	0.3480
体重	0.5125	1.0000	0.9083	0.4449	0.9828
胸囲	0.6480	0.9083	1.0000	0.5657	0.8499
座高	0.8288	0.4449	0.5657	1.0000	0.3147
体重/身長	0.3480	0.9828	0.8499	0.3147	1.0000

固有値表

主成分No.	固有値	寄与率(%)	累積(%)
1	3.5944	71.8887	71.8887
2	1.1373	22.6337	94.5225
3	0.1797	3.5946	98.1170
4	0.0973	1.8739	99.9909
5	0.0005	0.0091	100.0000

固有値ベクトル表

項目	主成分1	主成分2
身長	0.4031	0.5427
体重	0.4906	−0.3320
胸囲	0.5021	−0.1317
座高	0.3770	0.5938
体重/身長	0.4501	−0.4746

主成分負荷量表

項目	主成分1	主成分2
身長	0.7643	0.5773
体重	0.9301	−0.3532
胸囲	0.9519	−0.1401
座高	0.7147	0.6317
体重/身長	0.8534	−0.5049

◆表 9.27 アイスタット主成分分析結果②

主成分得点表（固有ベクトル）

No.	主成分 1	主成分 2
1	0.0712	−0.0055
2	−1.2456	1.1153
3	3.9609	0.7351
4	1.0887	−2.1661
5	−0.4183	0.3202
6	2.0153	1.5539
7	2.7807	−1.1070
8	−1.0496	0.1464
9	−1.3920	−0.3135
10	0.5645	2.1115
11	−1.6038	0.5952
12	0.4448	0.8933
13	−0.8076	−0.0814
14	−1.2112	−0.9532
15	0.3698	−1.2515
16	1.1476	2.4818
17	−1.9906	−0.4474
18	2.5098	0.4154
19	−0.7164	−0.1691
20	0.8385	−0.2582
21	0.0329	1.1205
22	−1.8726	−0.4317
23	−0.3685	−0.4584
24	−2.2807	−0.4069
25	4.4597	−1.9584
26	−2.2588	−0.5985
27	0.2418	−1.0091
28	2.0477	0.0387
29	−3.0093	−0.5582
30	−2.3489	0.6468

主成分得点表（主成分負荷量）

No.	主成分 1	主成分 2
1	0.1350	−0.0058
2	−2.3616	1.1865
3	7.5094	0.7820
4	2.0640	−2.3043
5	−0.7931	0.3406
6	3.8208	1.6531
7	5.2720	−1.1776
8	−1.9900	0.1557
9	−2.6391	−0.3335
10	1.0702	2.2462
11	−3.0406	0.6332
12	0.8433	0.9503
13	−1.5311	−0.0866
14	−2.2963	−1.0140
15	0.7012	−1.3313
16	2.1758	2.6402
17	−3.7739	−0.4759
18	4.7584	0.4419
19	−1.3582	−0.1799
20	1.5897	−0.2746
21	0.0624	1.1920
22	−3.5502	−0.4592
23	−0.6987	−0.4876
24	−4.3241	−0.4329
25	8.4551	−2.0834
26	−4.2825	−0.6367
27	0.4585	−1.0735
28	3.8822	0.0412
29	−5.7052	−0.5939
30	−4.4532	0.6881

主成分得点の基準化表

No.	主成分 1	主成分 2
1	0.0375	−0.0051
2	−0.6570	1.0484
3	2.0892	0.6910
4	0.5742	−2.0362
5	−0.2206	0.3010
6	1.0630	1.4607
7	1.4667	−1.0406
8	−0.5536	0.1376
9	−0.7342	−0.2947
10	0.2978	1.9848
11	−0.8459	0.5595
12	0.2346	0.8397
13	−0.4260	−0.0765
14	−0.6389	−0.8960
15	0.1951	−1.1764
16	0.6053	2.3330
17	−1.0499	−0.4205
18	1.3238	0.3905
19	−0.3779	−0.1590
20	0.4423	−0.2427
21	0.0174	1.0533
22	−0.9877	−0.4058
23	−0.1944	−0.4309
24	−1.2030	−0.3825
25	2.3523	−1.8410
26	−1.1914	−0.5626
27	0.1276	−0.9486
28	1.0801	0.0364
29	−1.5872	−0.5248
30	−1.2389	0.6080

予測：主成分得点表（固有ベクトル）

No.	主成分 1	主成分 2
31	−2.1786	1.2726

予測：主成分得点表（主成分負荷量）

No.	主成分 1	主成分 2
31	−4.1305	1.3539

予測：主成分得点の基準化表

No.	主成分 1	主成分 2
31	−1.1491	1.1963

・主成分 1 が総合体力、主成分 2 が系別体力です。
主成分 2 の系別体力の「＋」はソップ型（細身）、「－」はアンコ型（丸身）です。

・主成分得点表（固有ベクトル）を見ると、学生丸は主成分 1 が「－」マイナスなので、総合体力はない。主成分 2 は「＋」プラスなので、ソップ型と判断されます。

第10章

コンジョイント分析

10.1 コンジョイント分析とはなにか

通常消費者は、商品の購入（あるいは選択）をするとき、その商品の機能やサービスなどの複数の項目を1つずつ検討し、検討した評価項目を組み合わせて総合的に、購入の有無を判断します。

例えば、ある人がマンションを購入する場合、駅からの時間、駐車場の有無、価格を考えたとします。△△物件は「駅から5分未満」、「駐車場あり」なので、魅力的なマンションといえますが、価格が高く、そのマンションの総合的評価は購入度合いとしては低い評価がされたとしましょう。この人は、数多くある評価項目の中で価格（が高すぎる）を最も重視して、総合評価を決めたことになります。

コンジョイント分析は、上記に示したような商品の総合評価をするとき、すなわち消費者が複数の商品から1つを選ぶ場合、それぞれの評価項目がどの程度目的変数（購入度合い）に影響を与えているかを明らかにする分析手法です。

目的変数への影響度は、相関分析や重回帰分析で明らかにできることを先に学びました。これらの手法とコンジョイント分析とでは把握内容は同じですが、データ収集（調査）する部分で大きな違いがあります。

コンジョイント分析は、調査回答者に対して、商品の特性を組み合わせた**コンジョイントカード**（商品完成予想図）を複数提示し、コンジョイントカードに対する評価をとります。

マンションの例では、Aカードは「駅から5分未満、駐車場あり、価格3500万円未満」、Bカードは「駅から5分未満、駐車場なし、価格3500万円未満」、Cカードは「駅から5分以上、駐車場なし、価格3500万円以上」・・・などです。

評価は、コンジョイントカードの好きな順での並べ替え（嫌いな順でも可）、コンジョイントカードの一対比較（AとB、AとC、BとC・・・）などによって行います。

従来の調査方法は、「駅からの時間は5分未満、5分以上、どちらを重視しますか」など、項目ごとに質問をしましたが、コンジョイント分析は、項目を結合したコンジョイントカードを評価させるところが特徴です。

なお、コンジョイントを英和辞典で調べると「結合」と表記されています。

コンジョイント分析は項目を結合してカードを作成することから、このような名称となりました。

コンジョイント分析はどのような手法であるかを、一言でいうならば、コンジョイントカードに対する評価から、消費者が商品を購入（選択）する場合に最も重視している評価項目を把握したり、どの組み合わせ（コンジョイントカード）が最も良いかを明らかにしたりする手法です。

10.2 コンジョイントカード

コンジョイント分析でまず最初にすることはコンジョイントカードを作成することです。

評価してもらう商品特性の項目とカテゴリーを設定します。

マンションの例では次のようになります。

◆表 10.1 商品特性、カテゴリー名

項目名		カテゴリー名	
Q1	駅からの時間	1. 5分未満	2. 5分以上
Q2	駐車場の有無	1. 無し	2. 有り
Q3	会社までの時間	1. 45分未満	2. 45分以上
Q4	価格	1. 3500万円未満	2. 3500万円以上

コンジョイントカードは4項目の組み合わせによって作られます。組み合わせの数は$2\times2\times2\times2=16$になるので、カードの数は16枚になります。

16枚について順位をつけることは、少し難しいかもしれませんが、実施できない数ではありません。しかし、項目数が5つになれば組み合わせ数は32となり、32枚のカードに順位をつけさせることは現実的に無理だと思います。仮に順位をつけてもらっても、その回答の信憑性は低いものでしょう。

それではこのマンションの例に対し、コンジョイントカードを実際に作ってみます。

4項目の場合、コンジョイントカードの枚数は、普通に考えれば以下のとおり$2^4=16$となります。

◆図10.1
コンジョイントカード

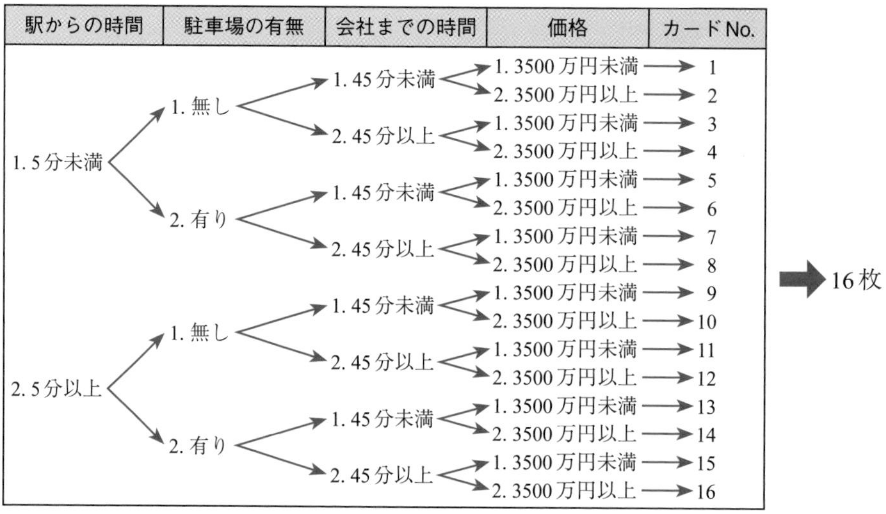

しかし、直交表を利用すればコンジョイントカードの枚数をかなり減らせます。

直交表を利用すると、○が書かれたカードだけが残ります。
でもこれらだけで十分な調査を行えます。

◆図10.2
コンジョイントカードの削減

No.1	5分未満	無し	45分未満	3500万円未満	…	○
No.2	5分未満	無し	45分未満	3500万円以上	…	×
No.3	5分未満	無し	45分以上	3500万円未満	…	×
No.4	5分未満	無し	45分以上	3500万円以上	…	○
No.5	5分未満	有り	45分未満	3500万円未満	…	×
No.6	5分未満	有り	45分未満	3500万円以上	…	○
No.7	5分未満	有り	45分以上	3500万円未満	…	○
No.8	5分未満	有り	45分以上	3500万円以上	…	×
No.9	5分以上	無し	45分未満	3500万円未満	…	×
No.10	5分以上	無し	45分未満	3500万円以上	…	○
No.11	5分以上	無し	45分以上	3500万円未満	…	○
No.12	5分以上	無し	45分以上	3500万円以上	…	×
No.13	5分以上	有り	45分未満	3500万円未満	…	○
No.14	5分以上	有り	45分未満	3500万円以上	…	×
No.15	5分以上	有り	45分以上	3500万円未満	…	×
No.16	5分以上	有り	45分以上	3500万円以上	…	○

→ 8枚

留意点

直交表について解説している大半の書籍は、カテゴリーのことを水準といいます。したがってこの本でもこの章に限って、カテゴリーのことを水準と呼ぶことにします。

10.3 直交表とはなにか

「**直交表**」という表があり、多くの統計学の書籍の巻末に記載されています。「直交表」にはいくつかの種類がありますが、下記はよく使用される直交表です。

◆表 10.2
直交表

行No. ＼ 列No.		1	2	3	4	5	6	7
実験組み合わせ番号	1	1	1	1	1	1	1	1
	2	1	1	1	2	2	2	2
	3	1	2	2	1	1	2	2
	4	1	2	2	2	2	1	1
	5	2	1	2	1	2	1	2
	6	2	1	2	2	1	2	1
	7	2	2	1	1	2	2	1
	8	2	2	1	2	1	1	2
成分		a	b	a b	c	a c	b c	a b c

「直交表」は、上の表からおわかりのように、水準No.の1と2から成り立っています。

注 3水準の場合は 1、2、3。

◆ 直交表の特色

「直交表」の特色を調べるために、表10.2の直交表において、「2」を「−1」に置き換えた表を作成します。

◆表10.3 直交表の数値変更

特色1　列平均は全て0

列No. ＼ 行No.	1	2	3	4	5	6	7
1	1	1	1	1	1	1	1
2	1	1	1	−1	−1	−1	−1
3	1	−1	−1	1	1	−1	−1
4	1	−1	−1	−1	−1	1	1
5	−1	1	−1	1	−1	1	−1
6	−1	1	−1	−1	1	−1	1
7	−1	−1	1	1	−1	−1	1
8	−1	−1	1	−1	1	1	−1
平均	0	0	0	0	0	0	0

◆表10.4 列相互の掛け算

特色2　列1と列2、列1と列3、列1と列4、・・・・、列6と列7、全ての組み合わせについて、掛け算をした表を作成します。
どの表においても平均は0になります。

列1	列2
1	1
1	1
1	−1
1	−1
−1	1
−1	1
−1	−1
−1	−1

➡

列1×列2
1×1=1
1×1=1
1×−1=−1
1×−1=−1
−1×1=−1
−1×1=−1
−1×−1=1
−1×−1=1
平均　0

列1	列3
1	1
1	1
1	−1
1	−1
−1	−1
−1	−1
−1	1
−1	1

➡

列1×列3
1
1
−1
−1
1
1
−1
−1
平均　0

・・・・・

列6	列7
1	1
−1	−1
−1	−1
1	1
1	−1
−1	1
−1	1
1	−1

➡

列6×列7
1
1
1
1
−1
−1
−1
−1
平均　0

特色３　列1と列2、列1と列3、列1と列4、・・・・、列6と列7、全ての組み合わせについて、単相関係数を算出します。
どの単相関係数も0になります（単相関係数→第2章参照）。

◆表10.5
単相関係数

列No.＼列No.	1	2	3	4	5	6	7
1		0	0	0	0	0	0
2	0		0	0	0	0	0
3	0	0		0	0	0	0
4	0	0	0		0	0	0
5	0	0	0	0		0	0
6	0	0	0	0	0		0
7	0	0	0	0	0	0	

いま説明したものとは別の「直交表」も紹介します。

◆表10.6
別の直交表

行No.＼列No.	1	2	3	4	5	6	7	8	9	10	11	12	12	14	15
1	1	1	1	1	1	1	1	1	1	1	1	1	1	1	1
2	1	1	1	1	1	1	1	2	2	2	2	2	2	2	2
3	1	1	1	2	2	2	2	1	1	1	1	2	2	2	2
4	1	1	1	2	2	2	2	2	2	2	2	1	1	1	1
5	1	2	2	1	1	2	2	1	1	2	2	1	1	2	2
6	1	2	2	1	1	2	2	2	2	1	1	2	2	1	1
7	1	2	2	2	2	1	1	1	1	2	2	2	2	1	1
8	1	2	2	2	2	1	1	2	2	1	1	1	1	2	2
9	2	1	2	1	2	1	2	1	2	1	2	1	2	1	2
10	2	1	2	1	2	1	2	2	1	2	1	2	1	2	1
11	2	1	2	2	1	2	1	1	2	1	2	2	1	2	1
12	2	1	2	2	1	2	1	2	1	2	1	1	2	1	2
13	2	2	1	1	2	2	1	1	2	2	1	1	2	2	1
14	2	2	1	1	2	2	1	2	1	1	2	2	1	1	2
15	2	2	1	2	1	1	2	1	2	2	1	2	1	1	2
16	2	2	1	2	1	1	2	2	1	1	2	1	2	2	1
成分	*a*	*b*	*a* *b*	*c*	*a* *c*	*b* *c*	*a* *b* *c*	*d*	*a* *d*	*b* *d*	*a* *b* *d*	*c* *d*	*a* *c* *d*	*b* *c* *d*	*a* *b* *c* *d*

この表についても「直交表の特色」がもちろんいえます。

◆ 直交表の名称

少なからず存在する「直交表」を識別するために、次のルールに従って「直交表」には名前がつけられています。最初に紹介した表10.2は$L_8(2^7)$、表10.6は$L_{16}(2^{15})$といいます。

この他に、$L_{32}(2^{31})$ などがあります。

◆表10.7
$L_8(2^7)$

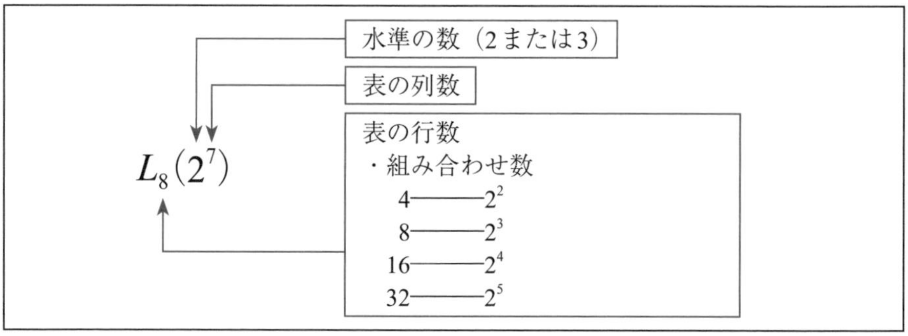

◆ 成　分

直交表には「成分」欄があり、a、b、abなどアルファベットの文字が表記されています。「成分」の使い方は後に学びますが、どのようなルールでつけられているかを説明します。

■ アルファベットの文字数

$L_8(2^7)$ の場合、表の行数「8」を書き換えた2^3の「3」に注目し、アルファベットは3文字でa、b、cを用います。

$L_{16}(2^{15})$ の場合、16は2^4より、アルファベットは4文字でa、b、c、d。

$L_{32}(2^{31})$ の場合、32は2^5より、アルファベットは5文字でa、b、c、d、eとなります。

■ a、b、c、…の位置

成分欄におけるa、b、c、…の位置は固定です。

列No.	1	2	3	4	5	6	7
成分	a	b		c			

列No.	1	2	3	4	5	6	7	8	9	10	11	12	13	14	15
成分	*a*	*b*		*c*				*d*							

a の指定席は $2^0 = 1$ 列目

b の指定席は $2^1 = 2$ 列目

c の指定席は $2^2 = 4$ 列目

d の指定席は $2^3 = 8$ 列目

したがって、$L_{32}(2^{31})$ における e は、$2^4 = 16$ 列目に表記されます。

■ *ab*、*ac*、…などの位置

$L_8(2^7)$ 型における *ab*、*ac*、*bc*、*abc* は次のルールによって位置が決まります。

列No.	1	2	3	4	5	6	7
成分	*a*	*b*		*c*			

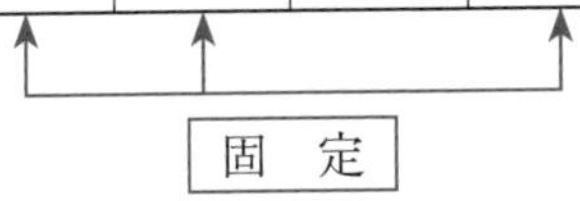

ab →*a* の列No.＋*b* の列No.　　＝1＋2→3列目

ac →*a* の列No.＋*c* の列No.　　＝1＋4→5列目

bc →*b* の列No.＋*c* の列No.　　＝2＋4→6列目

abc →*a* の列No.＋*b* の列No.＋*c* の列No.　＝1＋2＋4→7列目

列No.	1	2	3	4	5	6	7
成分	*a*	*b*	*ab*	*c*	*ac*	*bc*	*abc*

例題 10-1

$L_{16}(2^{15})$ 型で cd および *abcd* の位置を調べなさい。

解　答

a→1
b→2
c→4
d→8
（以上、固定）

cd＝4＋8＝12列目

abcd＝1＋2＋4＋8＝15列目

注：表10.6の $L_{16}(2^{15})$ 型で確認してください。

■ *ab*、*ac*、…などの表内の水準No.

表内の水準No.において「2」を「−1」に置き換え、例えば*ab*なら*a*列と*b*列を乗じ、計算値の「−1」を「2」に戻してみます。

◆表10.8 水準No.の決め方

*a*列	*b*列
1	1
1	1
1	−1
1	−1
−1	1
−1	1
−1	−1
−1	−1

→

*a*列×*b*列
1
1
−1
−1
−1
−1
1
1

→

ab
1
1
2
2
2
2
1
1

↑

表10.2の*ab*列と一致することを確認してください。

10.4 直交表の使い方

198ページの図10.2は本来16枚のコンジョイントカードで調査しなければいけないところを、8枚のコンジョイントカードで調査すれば良いことを示したものです。直交表をどのように使って、8枚のカードを選択したか考えてみましょう。

◆ どの直交表を使うか

項目数が7つ以下なら$L_8(2^7)$、8〜15なら$L_{16}(2^{15})$、16〜31なら$L_{32}(2^{31})$の直交表を適用します。すなわち、項目の数を直交表の列数と比較することによって、どの直交表を選択するかを決めることができます。

図10.2の場合は4項目なので、$L_8(2^7)$を適用します。

◆ コンジョイントカードの作成方法

直交表の列の中から、適用する項目数と同数の列を選択します。

選択した列を適用する項目に置き替えます。この行為を統計学では、直交表の列に項目を「割り付ける」といいます。

一般的な割り付け手順を示します。

❶ 適用する項目をアルファベットの大文字A、B、C、Dで表します。

A　駅からの時間

B　駐車場の有無

C　会社までの時間

D　価格

❷ 名称化された項目A、B、Cを成分 *a*、*b*、*c* の列へ割り付けます。

成分 *d* は存在しませんので、項目Dは *a* 列、*b* 列、*c* 列、以外の任意の列へ割り付けます。この例では「D価格」を7列目の *abc* へ割り付けました。

◆表 10.9 直交表への割り付け

列No. ＼ 行No.	1	2	3	4	5	6	7
1	1	1	1	1	1	1	1
2	1	1	1	2	2	2	2
3	1	2	2	1	1	2	2
4	1	2	2	2	2	1	1
5	2	1	2	1	2	1	2
6	2	1	2	2	1	2	1
7	2	2	1	1	2	2	1
8	2	2	1	2	1	1	2
成分	*a*	*b*	*a* *b*	*c*	*a* *c*	*b* *c*	*a* *b* *c*
	A駅からの時間	B駐車場の有無		C会社までの時間			D価格

❸ 選ばれた4つの列の水準No.「1」「2」を水準名へ変更します。

◆表10.10
水準No.「1」「2」を水準名へ変更

行＼列	1	2	4	7
1	1	1	1	1
2	1	1	2	2
3	1	2	1	2
4	1	2	2	1
5	2	1	1	2
6	2	1	2	1
7	2	2	1	1
8	2	2	2	2
成分	*a*	*b*	*c*	*a* *b* *c*
	A 駅からの時間	B 駐車場の有無	C 会社までの時間	D 価格

➡

行＼列	1	2	4	7
1	5分未満	無し	45分未満	3500万円未満
2	5分未満	無し	45分以上	3500万円以上
3	5分未満	有り	45分未満	3500万円以上
4	5分未満	有り	45分以上	3500万円未満
5	5分以上	無し	45分未満	3500万円以上
6	5分以上	無し	45分以上	3500万円未満
7	5分以上	有り	45分未満	3500万円未満
8	5分以上	有り	45分以上	3500万円以上
成分	*a*	*b*	*c*	*a* *b* *c*
	A 駅からの時間	B 駐車場の有無	C 会社までの時間	D 価格

❹ 表10.10の右表におけるコンジョイントカードを作成すれば良いことがわかります。この判断に基づき図10.2の○×はつけられました。

10.5 水準数に「2」と「3」が混在している場合の処理

◆ 直交表の種類

表10.1のQ3、Q4が3水準になった場合のコンジョイントカードの作成方法を説明します。

◆表10.11
商品特性、カテゴリー名

項目名	カテゴリー名		
Q1 駅からの時間	1. 5分未満	2. 5分以上	
Q2 駐車場の有無	1. 無し	2. 有り	
Q3 会社までの時間	1. 45分未満	2. 45〜90分未満	3. 90分以上
Q4 価格	1. 3000万円未満	2. 3000〜3500万円未満	3. 3500万円以上

数多く用意されている直交表の中から、どの直交表を適用すれば良いかがわかれば簡単にコンジョイントカードを作成できます。そこでまずはじめにどのような直

交表があるかを紹介します。表10.7で$L_a(b^c)$ のa、b、cの意味を説明しましたが、コンジョイントカード作成のためにどの直交表を選ぶかという点からa、b、cの説明を付け加えます。

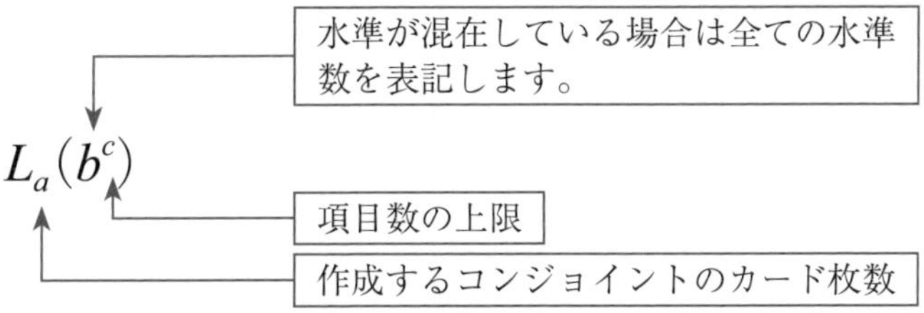

主な直交表は次の通りです。

■カテゴリー数（水準数）が全て「2」の場合

項目数が3以下	$L_4(2^3)$型
項目数が4～7	$L_8(2^7)$型
項目数が8以上	調査困難なのでコンジョイント分析では、項目数8以上は行わないのが一般的

■カテゴリー数（水準数）が全て「3の場合」

項目数が4以下	$L_9(3^4)$型
項目数が5以下	$L_{12}(3^5)$型
項目数が6～7	$L_{18}(3^7)$型
項目数が8以上	調査困難

■カテゴリー数（水準数）が全て「4の場合」

項目数が3以下	$L_{16}(4^3)$型
項目数が4以上	調査困難

■カテゴリー数（水準数）に「2」と「3」がある場合

2カテゴリー項目数が2以下、3カテゴリー項目数が2以下	$L_9(2^2 \& 3^2)$型
2カテゴリー項目数が3以下、3カテゴリー項目数が1以下	$L_8(2^3 \& 3)$型
2カテゴリー項目数が2以下、3カテゴリー項目数が3以下	$L_{12}(2^2 \& 3^3)$型
2カテゴリー項目数が1以下、3カテゴリー項目数が7以下	$L_{18}(2 \& 3^7)$型

■カテゴリー数（水準数）に「2」と「4」がある場合

2カテゴリー項目数が5以下、4カテゴリー項目数が1以下	$L_8(2^5 \& 4)$型
2カテゴリー項目数が1以下、4カテゴリー項目数が2以下	$L_{16}(2 \& 4^2)$型

■カテゴリー数（水準数）に「2」「3」「4」がある場合

2カテゴリー項目数が1以下、3カテゴリー項目数が1以下、4カテゴリー項目数が1以下
$L_{12}(2 \& 3 \& 4)$型

注 直交表は本書付録に記載されています。

◆ 混在している場合のコンジョイントカードの作成

表10.11は、2水準の項目数が「2」、3水準の項目数が「2」より $L_{12}(2^2\ \&\ 3^2)$型を用います。

◆表 10.12 $L_{12}(2^2\ \&\ 3^2)$型の直交表

	2水準		3水準		
	1	2	3	4	5
1	1	1	1	1	1
2	1	1	2	2	2
3	1	1	3	3	1
4	1	2	1	3	3
5	1	2	2	2	2
6	1	2	3	1	3
7	2	1	3	1	3
8	2	1	2	2	2
9	2	1	1	3	3
10	2	2	3	3	1
11	2	2	2	2	2
12	2	2	1	1	1

駅からの時間と駐車場の有無を列No.1とNo.2に、会社までの時間と価格を列No.3と列No.4に割り付けます。

(水準数が同じ列ならどこに割り付けても良い)

◆表 10.13 直交表の割り付け

	2水準		3水準		
	駅からの時間	駐車場の有無	会社までの時間	価格	
1	5分未満	無し	45分未満	3000万円未満	1
2	5分未満	無し	45～90分	3000～3500万円	2
3	5分未満	無し	90分以上	3500万円以上	1
4	5分未満	有り	45分未満	3500万円以上	3
5	5分未満	有り	45～90分	3000～3500万円	2
6	5分未満	有り	90分以上	3000万円未満	3
7	5分以上	無し	90分以上	3000万円未満	3
8	5分以上	無し	45～90分	3000～3500万円	2
9	5分以上	無し	45分未満	3500万円以上	3
10	5分以上	有り	90分以上	3500万円以上	1
11	5分以上	有り	45～90分	3000～3500万円	2
12	5分以上	有り	45分未満	3000万円未満	1

この列は適用しません

12枚のコンジョイントカードが作成されました。

◆表10.14 12枚のコンジョイントカード

カードNo1
駅からの時間：5分未満
駐車場の有無：無し
会社までの時間：45分未満
価格：3000万円未満

カードNo2
駅からの時間：5分未満
駐車場の有無：無し
会社までの時間：45～90分
価格：3000～3500万円

カードNo3
駅からの時間：5分未満
駐車場の有無：無し
会社までの時間：90分以上
価格：3500万円以上

カードNo4
駅からの時間：5分未満
駐車場の有無：有り
会社までの時間：45分未満
価格：3500万円以上

カードNo5
駅からの時間：5分未満
駐車場の有無：有り
会社までの時間：45～90分
価格：3000～3500万円

カードNo6
駅からの時間：5分未満
駐車場の有無：有り
会社までの時間：90分以上
価格：3000万円未満

カードNo7
駅からの時間：5分以上
駐車場の有無：無し
会社までの時間：90分以上
価格：3000万円未満

カードNo8
駅からの時間：5分以上
駐車場の有無：無し
会社までの時間：45～90分
価格：3000～3500万円

カードNo9
駅からの時間：5分以上
駐車場の有無：無し
会社までの時間：45分未満
価格：3500万円以上

カードNo10
駅からの時間：5分以上
駐車場の有無：有り
会社までの時間：90分以上
価格：3500万円以上

カードNo11
駅からの時間：5分以上
駐車場の有無：有り
会社までの時間：45～90分
価格：3000～3500万円

カードNo12
駅からの時間：5分以上
駐車場の有無：有り
会社までの時間：45分未満
価格：3000万円未満

例題 10-2

表10.1のマンションの例を用いて、項目数が3つの場合のコンジョイントカードを作成しなさい。

項目名		水準名	
Q1	駅からの時間	1. 5分未満	2. 5分以上
Q2	駐車場の有無	1. 無し	2. 有り
Q3	価格	1. 3500万円未満	2. 3500万円以上

解　答

水準数が全て「2」で項目が3以下なので、207ページより$L_4(2^3)$型を適用します。巻末の直交表より$L_4(2^3)$型を選択します。

◆表10.15
$L_4(2^3)$型

行＼列	1	2	3
1	1	1	1
2	1	2	2
3	2	1	2
4	2	2	1
成分	*a*	*b*	*ab*

*a*に「駅からの時間」、*b*に「駐車場の有無」、*ab*に「価格」を割り付けます。水準No.を水準名に交換します。

◆表10.16
直交表への割り付け

行＼列	1	2	3
1	5分未満	無し	3500万円未満
2	5分未満	有り	3500万円以上
3	5分以上	無し	3500万円以上
4	5分以上	有り	3500万円未満
成分	*a*	*b*	*ab*
	(駅からの時間)	(駐車場の有無)	(価格)

4枚のカードは次となります。

カードNo.1	5分未満	無し	3500万円未満
カードNo.2	5分未満	有り	3500万円以上
カードNo.3	5分以上	無し	3500万円以上
カードNo.4	5分以上	有り	3500万円未満

10.6 コンジョイントカードに対する評価測定方法

作成したコンジョイントカードを提示し、調査回答者に評価してもらいます。評価方法は次の3種類があります。

① 順位評価
② 一対比較評価
③ 得点評価

◆ 順位評価

コンジョイントカードに評価の高い（低い）順に順位をつけさせる方法です。

例題10-2のコンジョイントカードに対し、10人の回答者は4枚のカードに次のように順位をつけたとします。

◆表10.17 順位

	回答者	カードNo.1	カードNo.2	カードNo.3	カードNo.4
1	坂田	1	2	3	4
2	小島	2	1	4	3
3	藤沢	1	3	4	2
4	山下	2	3	4	1
5	石田	1	3	2	4
6	大竹	2	4	3	1
7	小林	2	4	3	1
8	武宮	2	3	1	4
9	加藤	2	1	3	4
10	依田	2	1	4	3

表10.17において1位を4点、2位を3点、3位を2点、4位を1点として順位を得点に置き換えます。

◆表10.18 得点

	回答者	カードNo.1	カードNo.2	カードNo.3	カードNo.4
1	坂田	4	3	2	1
2	小島	3	4	1	2
3	藤沢	4	2	1	3
4	山下	3	2	1	4
5	石田	4	2	3	1
6	大竹	3	1	2	4
7	小林	3	1	2	4
8	武宮	3	2	4	1
9	加藤	3	4	2	1
10	依田	3	4	1	2

◆ 一対比較評価

商品の種類によっては、コンジョイントカードに順位をつけさせるのが難しい場合があります。例題10-2の解答に示した4枚のカードで、実際に読者の方がマンションを購入するつもりで、4枚のカードに順位をつけてみてください。意外に難しいと思われたのではないでしょうか。

このようなとき、4枚のカードの中から2つ、例えばカードNo.1とNo.2を取り出し、どちらが良いかを評価させます。そして次にNo.1とNo.3、続けてNo.1とNo.4、No.2とNo.3、No.2とNo.4、No.3とNo.4と全ての組み合わせについて評価させます。

このような方法で評価を測定することを一対比較評価といいます。

例題10-2の解答におけるコンジョイントカードの場合、10人の回答者の4枚のカードに対する一対比較評価は次となりました。

表内のNo.は良いほう（選択した）のカードNo.です。

◆表10.19 良いほうのカードNo.

	回答者	No.1:No.2	No.1:No.3	No.1:No.4	No.2:No.3	No.2:No.4	No.3:No.4
1	坂田	No.1	No.1	No.4	No.2	No.2	No.3
2	小島	No.1	No.1	No.4	No.2	No.2	No.4
3	藤沢	No.1	No.1	No.4	No.2	No.4	No.3
4	山下	No.1	No.1	No.4	No.2	No.4	No.4
5	石田	No.1	No.1	No.4	No.3	No.2	No.3
6	大竹	No.1	No.1	No.4	No.3	No.4	No.4
7	小林	No.1	No.1	No.4	No.3	No.4	No.4
8	武宮	No.1	No.3	No.4	No.2	No.2	No.4
9	加藤	No.2	No.1	No.1	No.2	No.2	No.3
10	依田	No.2	No.1	No.1	No.2	No.2	No.4

次の手順によって一対比較の評価を得点化します。

1番目の回答者「坂田」の場合で説明します。

コンジョイントカードNo.1～No.4を表側、表頭に表記したマトリックス表を作成します。対角線のセルに「－」を記入します。

◆表10.20 「－」を記入

坂田	No.1	No.2	No.3	No.4
No.1	—			
No.2		—		
No.3			—	
No.4				—

表10.19の「坂田」を見て、カード2つの比較で評価の高いほうを1点、低いほうを−1点とし、表10.21に記入します。記入後、横計を算出します。

◆表10.21
横計の算出

坂田	No.1	No.2	No.3	No.4	横計
No.1	—	1	1	−1	1
No.2	−1	—	1	1	1
No.3	−1	−1	—	1	−1
No.4	1	−1	−1	—	−1

横計の値を順位得点に置き換えます。
カード4枚の場合、1位の値を4点、2位を3点、3位を2点、4位を1点とします。

3	4点
1	3点
−1	2点
−3	1点
計	10点

値が同じ場合、次のようにします。

1	3点
1	3点
1	3点
−3	1点
計	10点

1	3.5点
1	3.5点
−1	1.5点
−1	1.5点
計	10点

3	4点
−1	2点
−1	2点
−1	2点
計	10点

「坂田」は次になります。

◆表10.22
「坂田」の結果

No.1	3.5
No.2	3.5
No.3	1.5
No.4	1.5

第10章

全員について順位得点を求めました。

◆表10.23 全員の順位得点

坂田	No.1	No.2	No.3	No.4	横計
No.1	—	1	1	−1	1
No.2	−1	—	1	1	1
No.3	−1	−1	—	1	−1
No.4	1	−1	−1	—	−1

No1:No2	No1:No3	No1:No4	No2:No3	No2:No4	No3:No4
No.1	No.1	No.4	No.2	No.2	No.3

No.1	No.2	No.3	No.4
3.5	3.5	1.5	1.5

小島	No.1	No.2	No.3	No.4	横計
No.1	—	1	1	−1	1
No.2	−1	—	1	1	1
No.3	−1	−1	—	−1	−3
No.4	1	−1	1	—	1

No1:No2	No1:No3	No1:No4	No2:No3	No2:No4	No3:No4
No.1	No.1	No.4	No.2	No.2	No.4

No.1	No.2	No.3	No.4
3	3	1	3

藤沢	No.1	No.2	No.3	No.4	横計
No.1	—	1	1	−1	1
No.2	−1	—	1	1	1
No.3	−1	−1	—	1	−1
No.4	1	−1	−1	—	−1

No1:No2	No1:No3	No1:No4	No2:No3	No2:No4	No3:No4
No.1	No.1	No.4	No.2	No.4	No.3

No.1	No.2	No.3	No.4
3.5	1.5	1.5	3.5

山下	No.1	No.2	No.3	No.4	横計
No.1	—	1	1	−1	1
No.2	−1	—	1	−1	−1
No.3	−1	−1	—	−1	−3
No.4	1	1	1	—	3

No1:No2	No1:No3	No1:No4	No2:No3	No2:No4	No3:No4
No.1	No.1	No.4	No.2	No.4	No.4

No.1	No.2	No.3	No.4
3	2	1	4

石田	No.1	No.2	No.3	No.4	横計
No.1	—	1	1	−1	1
No.2	−1	—	−1	1	−1
No.3	−1	1	—	1	1
No.4	1	−1	−1	—	−1

No1:No2	No1:No3	No1:No4	No2:No3	No2:No4	No3:No4
No.1	No.1	No.4	No.3	No.2	No.3

No.1	No.2	No.3	No.4
3.5	1.5	3.5	1.5

大竹	No.1	No.2	No.3	No.4	横計
No.1	—	1	1	−1	1
No.2	−1	—	−1	−1	−3
No.3	−1	1	—	−1	−1
No.4	1	1	1	—	3

No1:No2	No1:No3	No1:No4	No2:No3	No2:No4	No3:No4
No.1	No.1	No.4	No.3	No.4	No.4

No.1	No.2	No.3	No.4
3	1	2	4

小林	No.1	No.2	No.3	No.4	横計
No.1	—	1	1	−1	1
No.2	−1	—	−1	−1	−3
No.3	−1	1	—	−1	−1
No.4	1	1	1	—	3

No1:No2	No1:No3	No1:No4	No2:No3	No2:No4	No3:No4
No.1	No.1	No.4	No.3	No.4	No.4

No.1	No.2	No.3	No.4
3	1	2	4

武宮	No.1	No.2	No.3	No.4	横計
No.1	—	1	−1	−1	−1
No.2	−1	—	1	1	1
No.3	1	−1	—	−1	−1
No.4	1	−1	1	—	1

←

No1:No2	No1:No3	No1:No4	No2:No3	No2:No4	No3:No4
No.1	No.3	No.4	No.2	No.2	No.4

→

No.1	No.2	No.3	No.4
1.5	3.5	1.5	3.5

加藤	No.1	No.2	No.3	No.4	横計
No.1	—	−1	1	1	1
No.2	1	—	1	1	3
No.3	−1	−1	—	1	−1
No.4	−1	−1	−1	—	−3

←

No1:No2	No1:No3	No1:No4	No2:No3	No2:No4	No3:No4
No.2	No.1	No.1	No.2	No.2	No.3

→

No.1	No.2	No.3	No.4
3	4	2	1

依田	No.1	No.2	No.3	No.4	横計
No.1	—	−1	1	1	1
No.2	1	—	1	1	3
No.3	−1	−1	—	−1	−3
No.4	−1	−1	1	—	−1

←

No1:No2	No1:No3	No1:No4	No2:No3	No2:No4	No3:No4
No.2	No.1	No.1	No.2	No.2	No.4

→

No.1	No.2	No.3	No.4
3	4	1	2

順位得点を一覧表にします。

◆表 10.24 順位得点一覧表

	回答者	カードNo.1	カードNo.2	カードNo.3	カードNo.4
1	坂田	3.5	3.5	1.5	1.5
2	小島	3.0	3.0	1.0	3.0
3	藤沢	3.5	1.5	1.5	3.5
4	山下	3.0	2.0	1.0	4.0
5	石田	3.5	1.5	3.5	1.5
6	大竹	3.0	1.0	2.0	4.0
7	小林	3.0	1.0	2.0	4.0
8	武宮	1.5	3.5	1.5	3.5
9	加藤	3.0	4.0	2.0	1.0
10	依田	3.0	4.0	1.0	2.0

◆ 得点評価

コンジョイントカードの枚数が多い場合、順位評価、一対比較評価いずれも困難な場合があります。このとき、カードそのものに得点をつけさせる方法が得点評価です。

この評価は同じ得点のカードが多数発生することがあり、①②の評価に比べてはコンジョイントカードの差別化が低くなります。この方法はコンジョイントカードの枚数が多いときのみ使用してください。

10.7 計算方法

表10.24に示されたように、回答者10人のコンジョイントカード4枚に対する評価得点が得られました。順位得点は一対比較評価で求めました。

回答者別、カード別に、3項目の水準No.と評価得点を一覧表にします。

◆表10.25 回答者別、カード別、順位得点

	駅からの時間	駐車場有無	価格	順位得点
坂田	1	1	1	3.5
坂田	1	2	2	3.5
坂田	2	1	2	1.5
坂田	2	2	1	1.5
小島	1	1	1	3.0
小島	1	2	2	3.0
小島	2	1	2	1.0
小島	2	2	1	3.0
藤沢	1	1	1	3.5
藤沢	1	2	2	1.5
藤沢	2	1	2	1.5
藤沢	2	2	1	3.5
山下	1	1	1	3.0
山下	1	2	2	2.0
山下	2	1	2	1.0
山下	2	2	1	4.0
石田	1	1	1	3.5
石田	1	2	2	1.5
石田	2	1	2	3.5
石田	2	2	1	1.5
大竹	1	1	1	3.0
大竹	1	2	2	1.0
大竹	2	1	2	2.0
大竹	2	2	1	4.0
小林	1	1	1	3.0
小林	1	2	2	1.0
小林	2	1	2	2.0
小林	2	2	1	4.0
武宮	1	1	1	1.5
武宮	1	2	2	3.5
武宮	2	1	2	1.5
武宮	2	2	1	3.5
加藤	1	1	1	3.0
加藤	1	2	2	4.0
加藤	2	1	2	2.0
加藤	2	2	1	1.0
依田	1	1	1	3.0
依田	1	2	2	4.0
依田	2	1	2	1.0
依田	2	2	1	2.0

1	5分未満	無し	3500万未満
2	5分以上	有り	3500万以上

表10.25にコンジョイント分析の計算式を用いずに、先に学習した重回帰分析でコンジョイント分析ができることを説明します。

表10.25において順位得点を目的変数、3項目を説明変数として重回帰分析を行います。

ただし、3項目はカテゴリーデータなので、111ページで説明したように、ダミー変数「1、0」に変換して分析を行います。

◆表10.26 ダミー変数「1、0」に変換

	駅からの時間	駐車場有無	価格	順位得点
坂田	1	1	1	3.5
坂田	1	0	0	3.5
坂田	0	1	0	1.5
坂田	0	0	1	1.5
小島	1	1	1	3.0
小島	1	0	0	3.0
小島	0	1	0	1.0
小島	0	0	1	3.0
藤沢	1	1	1	3.5
藤沢	1	0	0	1.5
藤沢	0	1	0	1.5
藤沢	0	0	1	3.5
山下	1	1	1	3.0
山下	1	0	0	2.0
山下	0	1	0	1.0
山下	0	0	1	4.0
石田	1	1	1	3.5
石田	1	0	0	1.5
石田	0	1	0	3.5
石田	0	0	1	1.5
大竹	1	1	1	3.0
大竹	1	0	0	1.0
大竹	0	1	0	2.0
大竹	0	0	1	4.0
小林	1	1	1	3.0
小林	1	0	0	1.0
小林	0	1	0	2.0
小林	0	0	1	4.0
武宮	1	1	1	1.5
武宮	1	0	0	3.5
武宮	0	1	0	1.5
武宮	0	0	1	3.5
加藤	1	1	1	3.0
加藤	1	0	0	4.0
加藤	0	1	0	2.0
加藤	0	0	1	1.0
依田	1	1	1	3.0
依田	1	0	0	4.0
依田	0	1	0	1.0
依田	0	0	1	2.0

Excel 上記のデータは、多変量解析演習用データ.xlsxのシート名「評価得点」にあります。

◆ 部分効用値

次は表 10.26 に対する重回帰分析の結果です。

◆表 10.27
重回帰分析の結果

	係数	
切片	2	
駅からの時間	0.5	
駐車場有無	−0.3	回帰係数
価格	0.8	

次の表を作成し、データ件数と回帰係数を記入します。

加重平均を表 10.29 の手順によって計算し、この表に記入します。

◆表 10.28
加重平均の計算手順

項目名	水準名	データ件数	回帰係数	加重平均
駅からの時間	5 分未満 5 分以上	20 20	0.5 0	0.25
駐車場有無	無し 有り	20 20	−0.3 0	−0.15
価　格	3500 万円未満 3500 万円以上	20 20	0.8 0	0.4

加重平均は項目ごとに求めます。

「駅からの時間」を例にとると、水準ごとにデータ件数と回帰係数を掛け算し、その合計を総データ件数で割ることによって求められます。

◆表 10.29
加重平均の結果

駅からの時間	
5 分未満 5 分以上	20×0.5＝10 20×0＝0
計	10
加重平均	10÷40＝0.25

回帰係数から加重平均を引いた値を**部分効用値**といいます。

◆表 10.30
部分効用値

	部分効用値	
5 分未満 5 分以上	0.5－平均＝0.5－0.25＝0.25 0－ 0.25＝－0.25	0.25 －0.25
無し 有り	－0.3－(－0.15)＝－0.15 0－(－0.15)＝0.15	－0.15 0.15
3500 万円未満 3500 万円以上	0.8－0.4＝0.4 0－0.4＝－0.4	0.40 －0.40

◆ 重要度

項目ごとに、部分効用値の最大値と最小値の差を求めます。これをレンジといいます。

各項目のレンジ合計に占めるのレンジの割合を**重要度**といいます。

◆表 10.31
重要度

	最大値	最小値	レンジ	重要度
駅からの時間	0.25	−0.25	0.5	31.3
駐車場有無	0.15	−0.15	0.3	18.8
価格	0.40	−0.40	0.8	50.0
		合計	1.6	100.0

◆ 全体効用値

コンジョイントカードの水準No.を部分効用値に置き換え、これらの値と平均順位を加算した値を全体効用値といいます。

ただし、平均順位は1人の回答者の順位得点の平均です。

全ての回答者の平均順位は、同じ値になります（表10.24より平均順位は2.5）。

◆表 10.32
全ての回答者の平均順位

カードNo.	水準No.		
	駅からの時間	駐車場有無	価格
1	1	1	1
2	1	2	2
3	2	1	2
4	2	2	1

◆表 10.33
全体効用値

カードNo.	部分効用値			平均順位	全体効用値（横計）
	駅からの時間	駐車場有無	価格		
1	0.25	−0.15	0.4	2.5	3.0
2	0.25	0.15	−0.4	2.5	2.5
3	−0.25	−0.15	−0.4	2.5	1.7
4	−0.25	0.15	0.4	2.5	2.8

◆ 分析精度

10人の回答者の順位得点、全体効用値およびこれらの差（残差という）を一覧表にします。

◆表10.34 残差と単相関係数

No.	順位得点	全体効用値	残差
1	3.5	3.0	0.5
2	3.5	2.5	1.0
3	1.5	1.7	−0.2
4	1.5	2.8	−1.3
5	3.0	3.0	0.0
6	3.0	2.5	0.5
7	1.0	1.7	−0.7
8	3.0	2.8	0.2
9	3.5	3.0	0.5
10	1.5	2.5	−1.0
11	1.5	1.7	−0.2
12	3.5	2.8	0.7
13	3.0	3.0	0.0
14	2.0	2.5	−0.5
15	1.0	1.7	−0.7
16	4.0	2.8	1.2
17	3.5	3.0	0.5
18	1.5	2.5	−1.0
19	3.5	1.7	1.8
20	1.5	2.8	−1.3
21	3.0	3.0	0.0
22	1.0	2.5	−1.5
23	2.0	1.7	0.3
24	4.0	2.8	1.2
25	3.0	3.0	0.0
26	1.0	2.5	−1.5
27	2.0	1.7	0.3
28	4.0	2.8	1.2
29	1.5	3.0	−1.5
30	3.5	2.5	1.0
31	1.5	1.7	−0.2
32	3.5	2.8	0.7
33	3.0	3.0	0.0
34	4.0	2.5	1.5
35	2.0	1.7	0.3
36	1.0	2.8	−1.8
37	3.0	3.0	0.0
38	4.0	2.5	1.5
39	1.0	1.7	−0.7
40	2.0	2.8	−0.8

分析の精度として、順位得点と全体効用値との単相関係数を用います。

単相関係数　0.4719

10.8 結果の見方

◆ 部分効用値

表10.30の部分効用値の横棒グラフを作成します。

グラフを作成する際、項目ごとに部分効用値を降順にするのが良いでしょう。

このグラフより、部分効用値がプラス（右方向の棒グラフ）の水準（カテゴリー）は購入度合いが高く、マイナス（左方向棒グラフ）の水準（カテゴリー）は購入度合いが低いと判断できます。

これにより3500万円未満、5分未満、駐車場有りの順で購入度合いに寄与していることがわかります。逆に購入度合いを阻害する水準（カテゴリー）は3500万円以上、5分以上、駐車場無しとなります。

◆図10.3
部分効用値の横棒グラフ

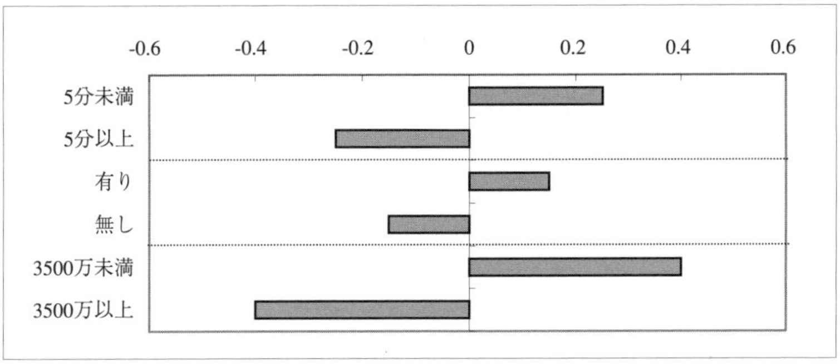

◆ 重 要 度

表10.31の重要度の降順横棒グラフを作成します。

このグラフより、マンションの購入（選択）において最も重要な項目は価格で、次に駅からの時間であることがわかります。駐車場の有無は20%弱で、それほど重要でないこともわかりました。

◆図10.4
重要度の横棒グラフ

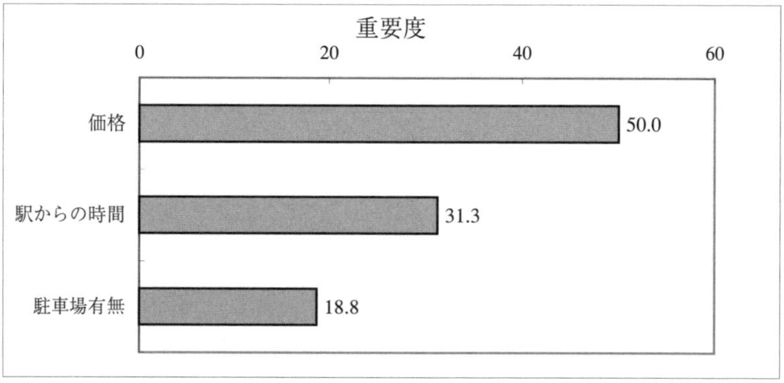

◆ 分析精度

評価得点と全体効用値との単相関係数がコンジョイント分析の精度となります。

消費者の評価が分かれている場合は相関が低く、一定の傾向を持っている場合は相関は高くなる傾向にあります。評価が分かれている、すなわち相関が低い場合、コンジョイント分析の結果（重要度や部分効用値）は使わないほうが良いと判断します。一般的に、単相関係数は0.5未満の場合、分析の精度は低いと判断し、分析結果を使いません。

この例の単相関係数は0.4719（表10.34）で、0.5を下回ったので使わないほうが良いという判断になります。

10.9 個人別分析

コンジョイント分析は個人ごとの部分効用値、重要度、分析精度を算出することができます。

回答者の1人「山下氏」について、同じ手順で分析をすると次の結果を得ます。

◆表10.35
個人のデータ

山下	駅からの時間	駐車場有無	価格	順位得点
カードNo.1	1	1	1	3.0
カードNo.2	1	0	0	2.0
カードNo.3	0	1	0	1.0
カードNo.4	0	0	1	4.0

重回帰分析を行うと次の結果が得られます。

◆表 10.36
重回帰分析実行結果

係数	
切片	2
駅からの時間	0
駐車場有無	−1
価格	2

加重平均を求めます（表 10.29 参照）。

◆表 10.37
加重平均の計算手順

項　目	カテゴリー	データ件数	回帰係数	加重平均
駅からの時間	5 分未満	2	0	0
	5 分以上	2	0	
駐車場有無	無し	2	−1	−0.5
	有り	2	0	
価　格	3500 万未満	2	2.0	1
	3500 万以上	2	0	

部分効用値を求めます（表 10.30 参照）。

◆表 10.38
部分効用値

カテゴリー	部分効用値
5 分未満	0
5 分以上	0
無し	−0.5
有り	0.5
3500 万円未満	1.0
3500 万円以上	−1.0

重要度を求めます（表 10.31 参照）。

◆表 10.39
重要度の算出

項　目	最大値	最小値	レンジ	重要度
駅からの時間	0	0	0	0.0
駐車場有無	0.5	−0.5	1	33.3
価格	1.0	−1.0	2	66.7
		計	3	100.0

山下氏のマンション購入において最も重要な項目は価格です。

10.10 コンジョイント分析が処理できない場合

kの値を定義します。

k＝データ件数－(水準総数－項目数)

ただし、データ件数＝回答者×カード枚数

kの値によって出力できないものを調べることができます。

◆表10.40 処理できないケース

式	部分効用値	重要度	分析精度
$k>1$	○	○	○
$k=1$	○	○	×
$k<1$	×	×	×

表10.26の場合

40件－(6水準－3項目)＝37＞1　　全て出力できます。

表10.35の場合

4件－(6水準－3項目)＝1　　分析精度のみ出力できません。

10.11 コンジョイント分析を行う

20代の女性において、好きな生ビールはどのような特徴のビールかを明らかにするために、次のアンケート調査を行いました。

用いた項目は、次のとおりです。

◆表10.41 商品特性、カテゴリー名

項目名	水準名		
ブランド	1. A	2. B	3. C
味わい	1. コク	2. のどごし	3. まろやかさ
アルコール度	1. 5.5度	2. 4.5度	3. 3.5度

3水準の項目が3個なので$L_9(3^4)$型の直交表を用います。

◆表 10.42
直交表

行No. ＼ 列No.	1	2	3	4
1	1	1	1	2
2	2	2	1	3
3	3	3	1	1
4	2	1	2	1
5	3	2	2	2
6	1	3	2	3
7	3	1	3	3
8	1	2	3	1
9	2	3	3	2

列1にブランド、列2に味わい、列3にアルコール度数を割り付けます。
直交表の1、2、3の数値をカテゴリー名に置き換えます。

◆表 10.43
直交表へ割り付け

カードNo.	ブランド	味わい	アルコール度	4
1	A	コク	5.5度	2
2	B	のどこし	5.5度	3
3	C	まろやかさ	5.5度	1
4	B	コク	4.5度	1
5	C	のどこし	4.5度	2
6	A	まろやかさ	4.5度	3
7	C	コク	3.5度	3
8	A	のどこし	3.5度	1
9	B	まろやかさ	3.5度	2

3人の回答者に9枚のカードの順位得点をつけてもらいました。

◆表 10.44
回答者3人のカード9枚に対する順位得点

				順位得点		
カードNo.	ブランド	味わい	アルコール度	回答者1	回答者2	回答者3
1	1	1	1	1	1	1
2	2	2	1	2	2	3
3	3	3	1	9	8	8
4	2	1	2	3	4	2
5	3	2	2	6	6	5
6	1	3	2	5	3	6
7	3	1	3	8	9	7
8	1	2	3	4	5	4
9	2	3	3	7	7	9

このデータに重回帰を行う場合、カテゴリーデータがあるので111ページで学んだ方法で「1、0」データに変換します。

◆表10.45
「1、0」データに変換

	ブランド		味わい		アルコール度		
	A	B	コク	のどごし	5.5度	4.5度	順位得点
1	1	0	1	0	1	0	1
2	0	1	0	1	1	0	2
3	0	0	0	0	1	0	9
4	0	1	1	0	0	1	3
5	0	0	0	1	0	1	6
6	1	0	0	0	0	1	5
7	0	0	1	0	0	0	8
8	1	0	0	1	0	0	4
9	0	1	0	0	0	0	7
10	1	0	1	0	1	0	1
11	0	1	0	1	1	0	2
12	0	0	0	0	1	0	8
13	0	1	1	0	0	1	4
14	0	0	0	1	0	1	6
15	1	0	0	0	0	1	3
16	0	0	1	0	0	0	9
17	1	0	0	1	0	0	5
18	0	1	0	0	0	0	7
19	1	0	1	0	1	0	1
20	0	1	0	1	1	0	3
21	0	0	0	0	1	0	8
22	0	1	1	0	0	1	2
23	0	0	0	1	0	1	5
24	1	0	0	0	0	1	6
25	0	0	1	0	0	0	7
26	1	0	0	1	0	0	4
27	0	1	0	0	0	0	9

Excelのデータ分析で重回帰分析を行います（重回帰分析の仕方は139ページ参照）。

出力結果において、「係数」の部分を適用します。

◆表10.46
重回帰分析の結果

	係数
切片	10.889
A	−4.000
B	−3.000
コク	−2.889
のどごし	−2.778
5.5度	−2.778
4.5度	−2.222

表10.29に従って、下記表を作成します。

◆表10.47
加重平均

項目名	カテゴリー名	① データ件数	② 回帰係数	③ ①×②	④ ③の合計	⑤ 加重平均（④÷27）
ブランド	A	9	−4.000	−36.0	−63.0	−2.333
	B	9	−3.000	−27.0		
	C	9	0.000	0.0		
味わい	コク	9	−2.889	−26.0	−51.0	−1.889
	のどごし	9	−2.778	−25.0		
	まろやかさ	9	0.000	0.0		
アルコール度	5.5度	9	−2.778	−25.0	−45.0	−1.667
	4.5度	9	−2.222	−20.0		
	3.5度	9	0.000	0.0		

表10.30に従って、部分効用値を求めます。

◆表10.48
部分効用値

項目名	水準名	②−⑤ 部分効用値
ブランド	A	−1.667
	B	−0.667
	C	2.333
味わい	コク	−1.000
	のどごし	−0.889
	まろやかさ	1.889
アルコール度	5.5度	−1.111
	4.5度	−0.556
	3.5度	1.667

部分効用値のグラフを作成します。

20代の女性においてどのような生ビールが好まれるかを見るとブランドは「C」、味わいは「まろやかさ」、アルコール度は弱い「3.5度」であることがわかりました。

◆図10.5
部分効用値の横棒グラフ

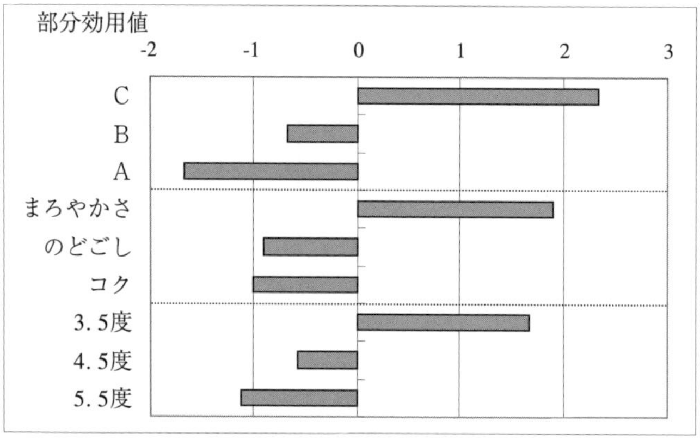

表10.31に従って、重要度を算出します。

◆表10.49
重要度の算出

	最大値	最小値	レンジ	重要度
ブランド	2.333	−1.667	4.000	41.4
味わい	1.889	−1.000	2.889	29.9
アルコール度	1.667	−1.111	2.778	28.7
		計	9.667	100.0

20代の女性がどの生ビールを選ぶかを決めるとき、ブランド、味わい、アルコール度のウエイトを4対3対3で判断していることがわかりました。

表 10.33 に従って、全体効用値を求めます。

◆表 10.50 全体効用値の算出

観測値	順位得点	全体効用値	残差
1	1	1.2	−0.2
2	2	2.3	−0.3
3	9	8.1	0.9
4	3	2.8	0.2
5	6	5.9	0.1
6	5	4.7	0.3
7	8	8.0	0.0
8	4	4.1	−0.1
9	7	7.9	−0.9
10	1	1.2	−0.2
11	2	2.3	−0.3
12	8	8.1	−0.1
13	4	2.8	1.2
14	6	5.9	0.1
15	3	4.7	−1.7
16	9	8.0	1.0
17	5	4.1	0.9
18	7	7.9	−0.9
19	1	1.2	−0.2
20	3	2.3	0.7
21	8	8.1	−0.1
22	2	2.8	−0.8
23	5	5.9	−0.9
24	6	4.7	1.3
25	7	8.0	−1.0
26	4	4.1	−0.1
27	9	7.9	1.1

表 10.34 に従って、分析精度を算出します。

◆表 10.51 分析精度の算出

分析精度	
単相関係数	0.9577

単相関係数が 0.5 を上回るので分析精度は高く、部分効用値、重要度は適用できると判断します。

第11章

拡張型数量化１類・２類

11.1 拡張型数量化1類・2類とはなにか

拡張型数量化1類・2類は重回帰分析や判別分析と同様に、関係式（予測モデル式ともいう）を導き、目的変数の予測、その予測に重要な影響を及ぼす要因を解明する手法です。

拡張型数量化1類・2類で把握できる主な内容

① 関係式（予測モデル式）の作成
② 関係式に用いた説明変数の目的変数に対する貢献度（影響度）
③ 予測値の算出

拡張型数量化1類は重回帰分析、拡張型数量化2類は判別分析に似ています。

重回帰分析や判別分析との違いは説明変数のデータタイプがカテゴリーデータと数量データ両方を適用できることです。

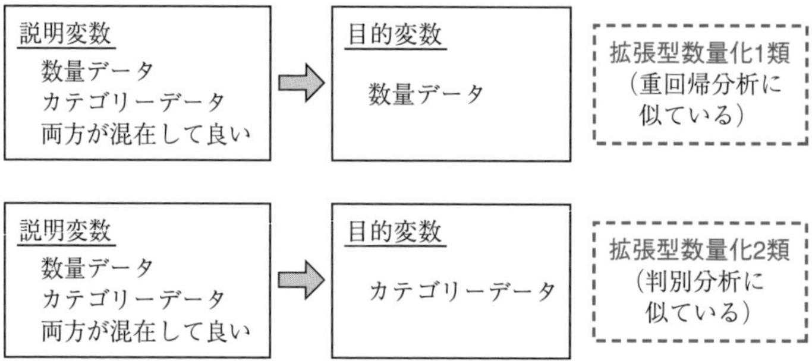

11.2 拡張型数量化１類の解説で適用する例題

例題 11-1

5つの学習方法があります。20人の学生は、ある一定期間決められた学習方法（方法1、方法2、方法3、方法4、方法5）のいずれかで、学生自身が定めた学習時間で勉強します。期間の開始時点と終了時点でテストを行い得点の増分を調べました。

拡張型数量化1類を用いて、学習方法と学習時間から得点増分を予測する関係式を作成しなさい。関係式を用い、学習方法が方法5、学習時間が123時間の生徒について得点増分の予測値を算出しなさい。

学習方法はカテゴリーデータ、学習時間、得点増分は数量データです。

◆ データ

拡張型数量化1類は、次の方法にしたがってデータを変換し、変換データについて関係式を導きます。

＊カテゴリーデータ：1、0データを作成（111ページ参照）

＊数量データ：平均値を算出し、平均値との差分データを作成

◆表11.1（左）データ

◆表11.2（右）変換データ

生徒No	目的変数 得点増分（点）	説明変数 学習方法	学習時間（時間）
1	17	方法1	123
2	21	方法4	112
3	18	方法4	90
4	14	方法2	78
5	18	方法4	121
6	20	方法3	107
7	17	方法5	95
8	12	方法3	79
9	22	方法4	121
10	18	方法3	105
11	12	方法1	86
12	13	方法1	75
13	23	方法5	120
14	19	方法5	100
15	16	方法2	98
16	10	方法1	72
17	21	方法5	115
18	17	方法2	99
19	15	方法3	81
20	7	方法2	71
		平均	97.4
21	?	方法5	130

方法1	方法2	方法3	方法4	方法5	学習時間－平均
1	0	0	0	0	25.6
0	0	0	1	0	14.6
0	0	0	1	0	－7.4
0	1	0	0	0	－19.4
0	0	0	1	0	23.6
0	0	1	0	0	9.6
0	0	0	0	1	－2.4
0	0	1	0	0	－18.4
0	0	0	1	0	23.6
0	0	1	0	0	7.6
1	0	0	0	0	－11.4
1	0	0	0	0	－22.4
0	0	0	0	1	22.6
0	0	0	0	1	2.6
0	1	0	0	0	0.6
1	0	0	0	0	－25.4
0	0	0	0	1	17.6
0	1	0	0	0	1.6
0	0	1	0	0	－16.4
0	1	0	0	0	－26.4

11.3 拡張型数量化1類の関係式(予測モデル式)

この例題における結果を示します。

◆表11.3 アイテムスコア

アイテムスコア

説明変数名	回帰係数	標準回帰係数
学習方法1	−4.0385	−0.3959
学習方法2	−3.1383	−0.3076
学習方法3	−1.4288	−0.1401
学習方法4	−0.8103	−0.0794
学習時間	0.1601	0.6784
定数項	2.7914	

◆表11.4 カテゴリースコア

カテゴリースコア

アイテム名	カテゴリー名	n	カテゴリースコア	平均値
学習方法	学習方法1	4	−2.155	13.00
	学習方法2	4	−1.255	13.50
	学習方法3	4	0.454	16.25
	学習方法4	4	1.073	19.75
	学習方法5	4	1.883	20.00
学習時間	~90	8	−1.185	12.63
	90~110	6	2.017	17.83
	110~130	6	5.219	20.33
	定数項	20	16.500	

この例題における関係式を示します。

$$Y=\{-2.155X_{11}-1.255X_{12}+0.454X_{13}+1.073X_{14}+1.883X_{15}\}+0.160X_2+16.5$$

方法1　方法2　方法3　方法4　方法5　学習時間　定数項

関係式の係数は、カテゴリー項目(学習方法)はカテゴリースコア、数量項目(学習時間)はアイテムスコアを用います。

定数項はカテゴリースコアの表に記載されている値を用います。

係数、定数項のデータ単位は、目的変数のデータ単位と同じになります。

11.4 拡張型数量化１類の結果から把握できること

◆ 関係式の係数の解釈

■ 定数項

定数項の 16.5 点は得点増分の平均値です。

■ カテゴリー項目の係数

例えば、方法 1 は値が − 2.155 なので、方法 1 で学習すると得点増分は平均値 16.5 点から 2.155 点減少するといえます。

例えば、方法 5 は値が 1.883 なので、方法 5 で学習すると得点増分は平均値 16.5 点から 1.883 点増加するといえます。

■ 数量項目の係数

学習時間の値は 0.160 なので、学習を 1 時間すると得点増分は 0.16 点増加するといえます。

■ 分類化した数量項目の係数

学習時間を適当に分割し、各分類の目的変数に対する貢献度を調べることができます。

例えば、110 時間から 130 時間以下は値が 5.22 点なので、この時間の学習をすると得点増分は平均値 16.5 点から 5.22 点増加するといえます。

5.22 点は次式によって求められます。

学習時間の係数 ×（分類上限値 − 学習時間の平均値）

130 時間以下の場合 $0.160 \times (130 - 97.4) = 5.22$

■ カテゴリースコアのグラフ

カテゴリースコアグラフを作成すると、学習方法や学習時間と得点増分との関係がわかります。

得点増分を高めるのに最も良いのは、学習方法 5、次に学習方法 4、最も悪いのは学習方法 1 です。

学習時間が長いほど得点増分は高まります。

◆図11.1
カテゴリースコアグラフ

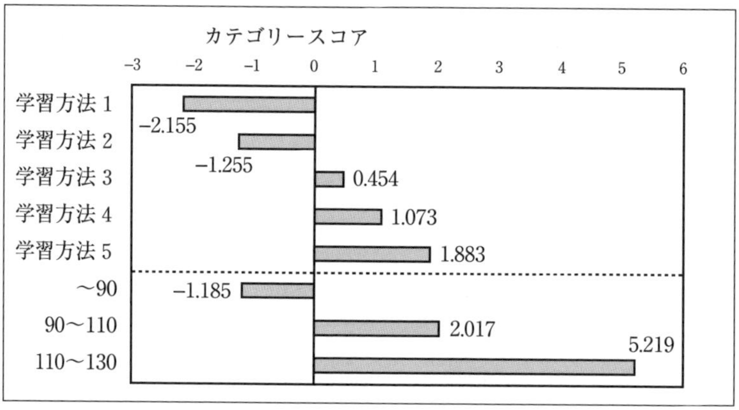

◆ 説明変数の重要度

表11.5の項目ごとに、最大値と最小値を求めます。最大値から最小値を引いた値をレンジといいます。

学習方法　1.88−(−2.16)=4.04

学習時間　5.22−(−1.18)=6.40

レンジの値が大きい項目ほど、目的変数を高めるのに重要な項目といえます。

この例題では、学習時間の方が学習方法より得点増分を高めるのに重要だということがわかりました。

◆表11.5
レンジ

項目名	選択肢	係数	
学習方法	方法1	−2.16	
	方法2	−1.26	
	方法3	0.45	1.88−(−2.16)=4.04
	方法4	1.07	
	方法5	1.88	
学習時間	〜90時間以下	−1.18	
	90〜110時間以下	2.02	5.22−(−1.18)=6.40
	110〜130時間以下	5.22	

説明変数の重要度を調べるのに、「追加情報の検定」があります。

説明変数の項目ごとに、検定統計量（F値）、自由度1、自由度2、P-値が算出されます。

F値は大きい項目ほど、P-値は小さい項目ほど、目的変数との関係において重要であるといえます。

この例題では、学習時間の方が学習方法より得点増分を高めるのに重要だということがわかりました。

> **注**
> * P-値は、アンケート調査や抜き取り検査など一部分を調べた結果から、母集団において各項目が重要といえるかを調べるためのものです。
> P-値は0.05以下だと重要（有意）です。
> * 自由度1は重回帰分析（112ページ参照）に用いた変数の個数です。
> 自由度2は個体数-1（この例題は生徒数－1=15－1=14）です。
> 自由度はP-値を算出するために用いるもので、結果の解釈に必要な情報ではありません。

◆表11.6 項目についての検定

	検定統計量F値	自由度1	自由度2	P-値
学習方法	87.80	4	14	0.1237
学習時間	156.50	1	14	0.0001

◆ 予測モデル式の精度を調べる

■ サンプルスコア

予測モデル式に表11.2の変換のデータを代入して各生徒の得点増分を予測します。求められた値をサンプルスコアといいます。

1番目の生徒についてサンプルスコアを求めます。

◆表11.7 サンプルスコアの算出方法

元データ

1番目生徒

学習方法
方法1

学習時間
123

平均97.4

⇨

変換データ

	①	②係数	①×②
方法1	1	−2.155	−2.155
方法2	0	−1.255	0.000
方法3	0	0.454	0.000
方法4	0	1.073	0.000
方法5	0	1.883	0.000
学習時間－平均	25.6	0.160	4.098
定数項		16.500	16.500
合計			18.443

1番目生徒のサンプルスコア

全ての生徒についてサンプルスコアを求め得点増分と比較します。

◆表11.8 サンプルスコア

No.	実測値	予測値	残差	標準化残差
1	17	18.443	−1.443	−0.734
2	21	19.910	1.090	0.555
3	18	16.388	1.612	0.820
4	14	12.139	1.861	0.947
5	18	21.351	−3.351	−1.705
6	20	18.491	1.509	0.768
7	17	17.999	−0.999	−0.508
8	12	14.009	−2.009	−1.022
9	22	21.351	0.649	0.330
10	18	18.171	−0.171	−0.087

No.	実測値	予測値	残差	標準化残差
11	12	12.520	−0.520	−0.265
12	13	10.759	2.241	1.141
13	23	22.001	0.999	0.508
14	19	18.799	0.201	0.102
15	16	15.341	0.659	0.335
16	10	10.279	−0.279	−0.142
17	21	21.201	−0.201	−0.102
18	17	15.501	1.499	0.763
19	15	14.329	0.671	0.341
20	7	11.019	−4.019	−2.045

■ 決定係数

求められたサンプルスコアと得点増分との一致度を見ると比較的近い値を示しています。一致度を単相関係数で調べると、単相関係数は0.915と高い値となりました。単相関係数の2乗（0.838）を決定係数といい、決定係数が0.5を上回れば求められた関係式は予測に適用できると判断します。

■ 予測

例題における、学習方法が方法5、学習時間が130時間の21番目の生徒について得点増分の予測値を算出すると、23.6点です。

◆表11.9 サンプルスコアの算出方法

元データ

21番目生徒

学習方法
方法5

学習時間
130

平均97.4

⇨

変換データ

	①	②係数	①×②
方法1	0	−2.155	0.000
方法2	0	−1.255	0.000
方法3	0	0.454	0.000
方法4	0	1.073	0.000
方法5	1	1.883	1.883
学習時間−平均	32.6	0.160	5.219
定数項		16.500	16.500
合計			23.602

21番目生徒の予測値

11.5 関係式（予測モデル式）の係数の算出方法

次に示す手順で計算します。

＊表11.2の変換データに重回帰分析を適用し回帰係数を算出します。

＊数量データの項目は求められた回帰係数がモデル*d*式の係数となります。

＊カテゴリーデータの項目は次の（iii）で示す手順で各カテゴリーの係数を算出します。

(i) 重回帰分析による回帰係数の算出

表11.2の変換データに重回帰分析を適用します。

目的変数を得点増分、説明変数を学習方法（1、0データ）、学習時間（データ－平均）として重回帰分析を行います。ただし、111ページで示したように、学習方法の方法5は除いて重回帰分析を行います。

◆表11.10 重回帰分析の係数

変数	学習方法1	学習方法2	学習方法3	学習方法4	学習時間	定数項
係数	−4.039	−3.138	−1.429	−0.810	0.160	2.791

注 学習方法5の係数は存在しません。

(ii) 数量データの項目の係数

学習時間は数量項目なので求められた0.16が関係式の係数となります。

この係数を**アイテムスコア**といいます。

(iii) カテゴリーデータの項目の係数

① 学習方法のカテゴリー名を記入します。
② 学習方法の回答人数を記入します。
③ 重回帰分析の係数を記入します。
　学習方法5は計算されていないので0を記入します。
④ ②と③を掛け算します。
⑤ ④の値を合計します。
⑥ ⑤を総回答人数20人で割ります。
⑦ ③から⑥を引きます。求められた値が各カテゴリーの係数です。
　この係数を**カテゴリースコア**といいます。

◆表11.11 カテゴリースコア算出方法

①	②	③	④	⑤	⑥	⑦
カテゴリー名	個数	係数	②×③	④の合計	⑤/20	③−⑥
学習方法1	4	−4.039	−16.154	−37.664	−1.883	−2.155
学習方法2	4	−3.138	−12.553			−1.255
学習方法3	4	−1.429	−5.715			0.454
学習方法4	4	−0.810	−3.241			1.073
学習方法5	4	0.000	0.000			1.883

11.6 拡張型数量化 1 類の応用

◆ 目的変数と説明変数の関係が曲線的傾向にある場合

第3章 直線回帰分析、第4章 曲線回帰分析で散布点に直線や曲線を当てはめる方法を述べました。

得点増分と学習時間との関係に直線式と分数式を当てはめました。

当てはめの精度を示す決定係数をみると、直線式は0.736、分数式は0.789で直線式より、分数式のほうが良いことがわかりました。

分数式の曲線を見ると、学習時間が長くなればそれにともない成績は上がりますが、その伸びは鈍化傾向にあるということです。

◆図 11.2
直線式、分数式のあてはめ

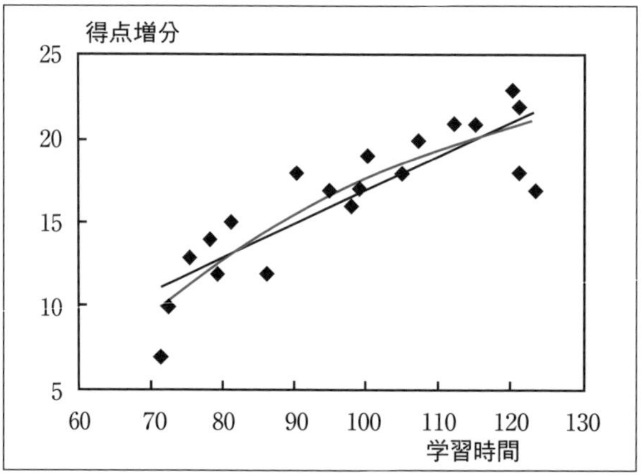

◆ 曲線的傾向を考慮した関係式の作成方法

11.3で示した関係式は、得点増分と学習時間との関係は直線関係であるということで求めたものです。

ここでは得点増分と学習時間との関係は分数関係であるということで関係式を求めることにします。

学習時間のデータを分数変換します。データをxとすると、$X=1/x$のデータを求め、Xの偏差データ（データ－平均値）を作成します。

このデータと学習方法の1、0データを説明変数にして重回帰分析を行い、予測モデル式を導きます。

◆表 11.12
xデータ

No	得点増分	学習方法	学習時間 x	$1/x$	$1/x$の偏差	説明変数			
						方法1	方法2	方法3	方法4
1	17	1	123	0.008	−0.0025	1	0	0	0
2	21	4	112	0.009	−0.0017	0	0	0	1
3	18	4	90	0.011	0.0005	0	0	0	1
4	14	2	78	0.013	0.0022	0	1	0	0
5	18	4	121	0.008	−0.0023	0	0	0	1
6	20	3	107	0.009	−0.0013	0	0	1	0
7	17	5	95	0.011	−0.0001	0	0	0	0
8	12	3	79	0.013	0.0020	0	0	1	0
9	22	4	121	0.008	−0.0023	0	0	0	1
10	18	3	105	0.010	−0.0011	0	0	1	0
11	12	1	86	0.012	0.0010	1	0	0	0
12	13	1	75	0.013	0.0027	1	0	0	0
13	23	5	120	0.008	−0.0023	0	0	0	0
14	19	5	100	0.010	−0.0006	0	0	0	0
15	16	2	98	0.010	−0.0004	0	1	0	0
16	10	1	72	0.014	0.0033	1	0	0	0
17	21	5	115	0.009	−0.0019	0	0	0	0
18	17	2	99	0.010	−0.0005	0	1	0	0
19	15	3	81	0.012	0.0017	0	0	1	0
20	7	2	71	0.014	0.0035	0	1	0	0
			平均	0.011					

この例題における関係式を示します。

$$Y=\{-1.810X_{11}-1.220X_{12}+0.285X_{13}+1.065X_{14}+1.682X_{15}\}-14890.160/X_2+16.5$$

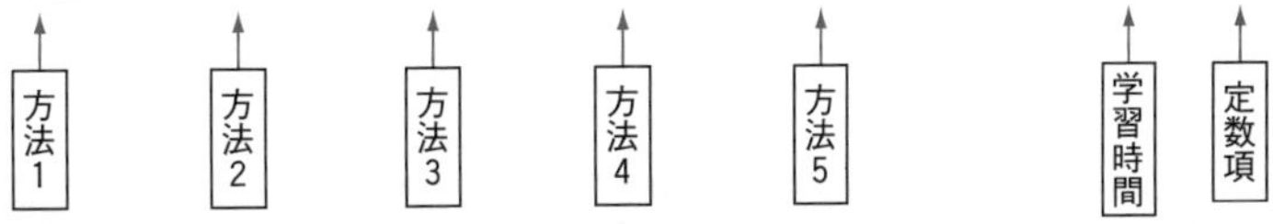

決定係数を求めます。決定係数は0.868で先の結果（238ページ）の0.838を上回りました。学習時間を分数変換したことによって予測モデル式の精度は上がりました。

拡張型数量化1類を行う前に、数量データの説明変数に回帰分析を行い、直線関数、分数関数、対数関数、ルート関数など、最も当てはまりの良い関数式を定めます。定めた関数式で変換したデータを説明変数として、拡張型数量化1類を行いましょう。

第11章

11.7 市販ソフトウェアを使って、拡張型数量化1類を行う

◆ ソフトウェアについて

使用するソフトウェアは株式会社アイスタット発売の「マルチ多変量」です。

「マルチ多変量」は一定期間アイスタットから無料で貸出しています。

アイスタットのホームページ「ソフトウェア」⇒「お試しキャンペーンお申込み」を選択後してください。

◆図11.3

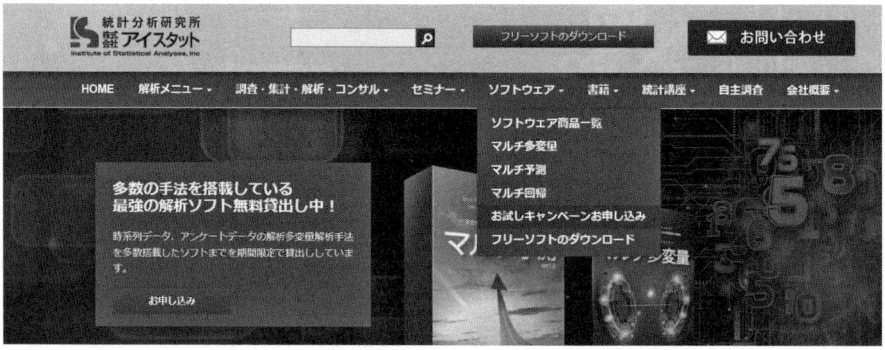

画面に表示された「ソフトウェア無料貸出し実施中」の画像をクリック後、画面下に表示された申し込みフォームに必要事項を入力してください。

また、お申し込み後のご連絡はメールにて行いますので、メールアドレスにお間違いのないように入力してください。

◆図11.4

◆ ソフトウェアの使い方

❶ Excelを起動して、解析するデータ（今回は表11.1のデータ）を開いてください。
※ 試供版をお送りしたフォルダ内のオーム社書籍_演習用データフォルダ内マルチ多変量_Excel演習データ.xlsxに表11.1のデータ（例題5-2シート）があります。

❷ 解析するデータファイルの［ファイル］タブから試供版をお送りしたフォルダ内の「m_tahen.xla」を開きます。
下記の画面が表示される場合は、［マクロを有効にする］ボタンをクリックします。

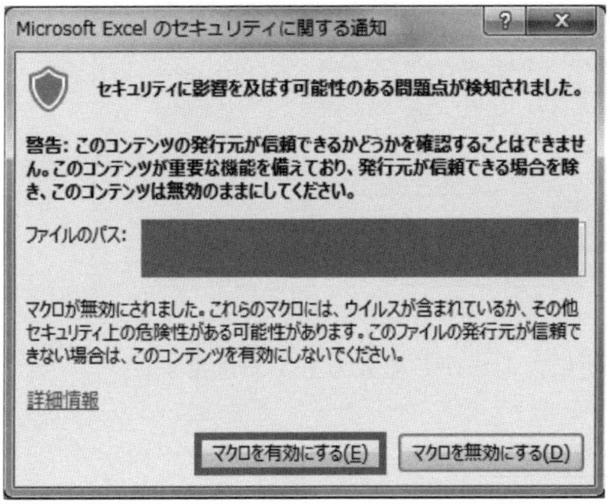

◆図11.5「セキュリティ警告」ダイアログ

❸ Excelのメニューバーに［マルチ多変量解析］のタブが組み込まれます。
［マルチ多変量解析］タブをクリックすると、下記の画面が表示されます。

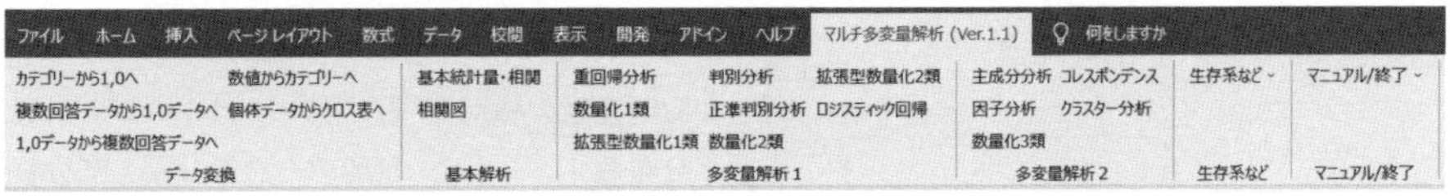

◆図11.6

❹ 拡張型数量化1類をクリックすると下記のダイアログボックスが表示されます。

◆図11.7
［拡張型数量化1類］の指定画面

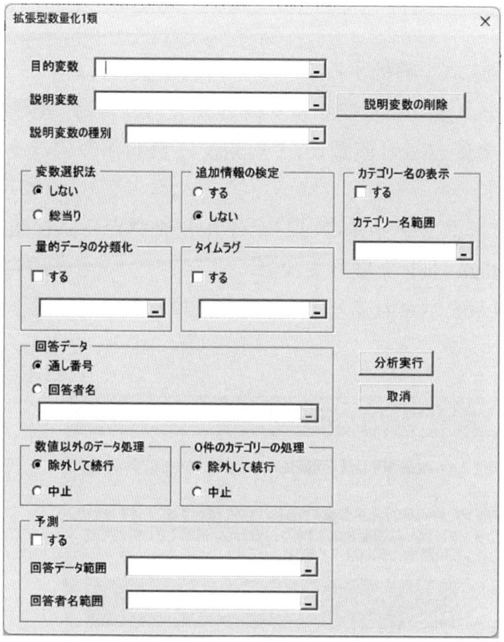

❺ 任意の場所に、あらかじめ入力しておきます。

質的データ	量的データ	
学習方法	学習時間	
学習方法1		← カテゴリー名
学習方法2		
学習方法3		
学習方法4		
学習方法5		
5	0	← 説明変数の種別　質的データはカテゴリー数、量的データは0
	3	← 分類数　量的データを分割して分析する場合入力
	90	← 各分類の上限値
	110	
	130	

❻ 下記に示す通り指定してください。

◆図 11.8
入力方法

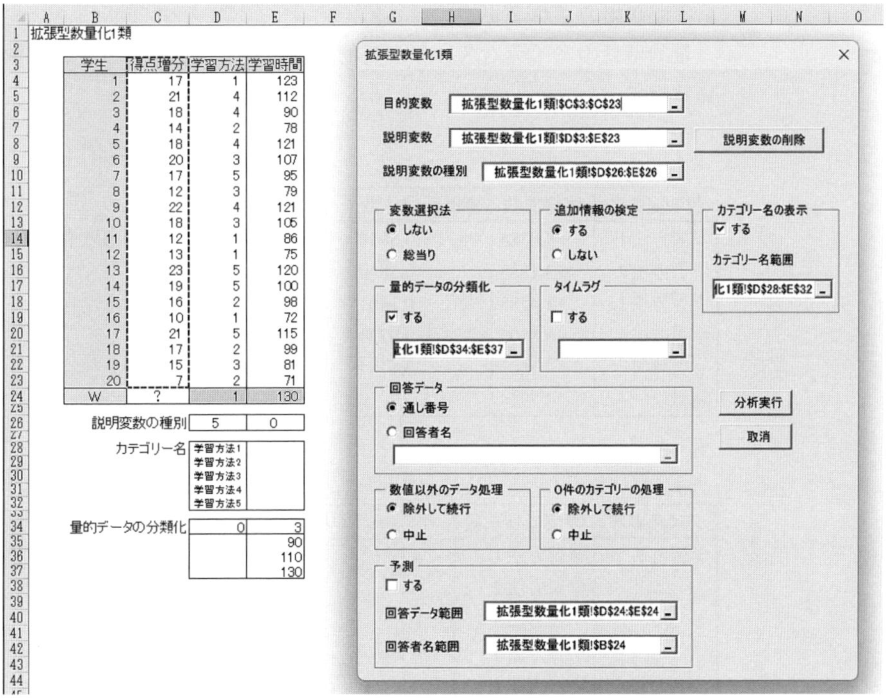

出力結果

下記が出力されます。

量的項目のアイテムスコア、質的項目のカテゴリースコア、定数項がモデル式の係数です。

アイテムスコア

説明変数名	回帰係数	標準回帰係数
学習方法1	−4.0385	−0.3959
学習方法2	−3.1383	−0.3076
学習方法3	−1.4288	−0.1401
学習方法4	−0.8103	−0.0794
学習時間	0.1601	0.6784
定数項	2.7914	

モデル式の係数は表の赤印です。

カテゴリースコア

アイテム名	カテゴリー名	n	カテゴリースコア	平均値
学習方法	学習方法1	4	−2.155	13.00
	学習方法2	4	−1.255	13.50
	学習方法3	4	0.454	16.25
	学習方法4	4	1.073	19.75
	学習方法5	4	1.883	20.00
学習時間	～90	8	−1.185	12.63
	90～110	6	2.017	17.83
	110～130	6	5.219	20.33
	定数項	20	16.500	

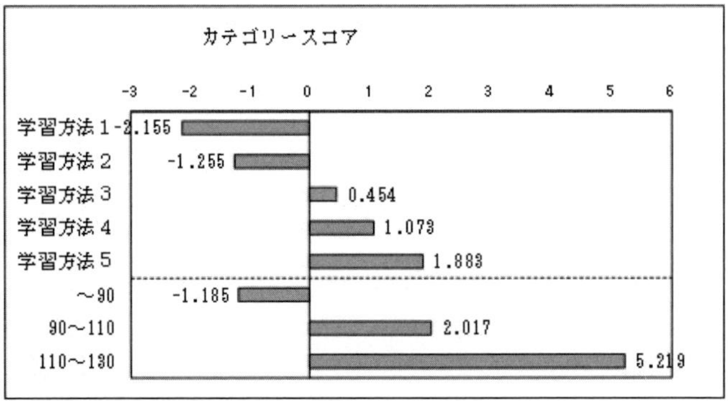

分析精度

決定係数	0.838
自由度修正済み決定係数	0.780
重相関係数	0.915
自由度修正済み重相関係数	0.883
赤池の情報量規準	90.641

分散分析表

	平方和	自由度	不偏分散	分散比	p値	判定
全体	333.00	19				
学習方法	33.75	4	8.437	2.185	0.124	[ ]
学習時間	102.45	1	102.451	26.537	0.000	[**]
回帰	278.95	5	55.790	14.451	0.000	[**]
残差	54.05	14	3.861			

予測表

時期	実績値	予測値	残差	標準化残差
1	17	18.443	－1.443	－0.734
2	21	19.910	1.090	0.555
3	18	16.388	1.612	0.820
4	14	12.139	1.861	0.947
5	18	21.351	－3.351	－1.705
6	20	18.491	1.509	0.768
7	17	17.999	－0.999	－0.508
8	12	14.009	－2.009	－1.022
9	22	21.351	0.649	0.330
10	18	18.171	－0.171	－0.087
11	12	12.520	－0.520	－0.265
12	13	10.759	2.241	1.141
13	23	22.001	0.999	0.508
14	19	18.799	0.201	0.102
15	16	15.341	0.659	0.335
16	10	10.279	－0.279	－0.142
17	21	21.201	－0.201	－0.102
18	17	15.501	1.499	0.763
19	15	14.329	0.671	0.341
20	7	11.019	－4.019	－2.045
21		23.602		

予測結果

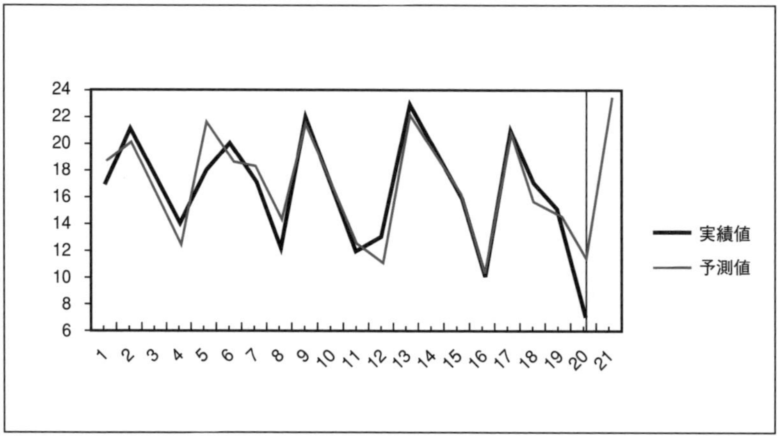
24
22
20
18
16
14
12
10
8
6
1
2
3
4
5
6
7
8
9
10
11
12
13
14
15
16
17
18
19
20
21
実績値
予測値

付録

付-1 ゴールシークとソルバー

◆ ゴールシーク

Excelのゴールシークを使用すると、次のような方程式のxの値または近似値を求めることができます。Excelの計算精度（有効桁数）に依存するため、多少の誤差があります。

1次方程式　例：　$2x+5=8$

2次方程式　例：　$x^2-3x+2=0$

3次方程式　例：　$2x^3-3x+1=0$

注　上記を総称して高次方程式といいます。

例　題

次の3次方程式をExcelの「ゴールシーク」を使って解きなさい。

$$(1-\lambda)^3-1.6202735(1-\lambda)+0.6469466=0$$

注　なお、この問題は「主成分分析λを求める問題」（180ページ）のものです。3つの解を求めることになります。

〈ゴールシークの考え方〉

ゴールシークは、変数に数値を大量に代入し、求める結果に最も近い値を収束値として提案します。

解　答

❶ Excelのシートに方程式を入力します。

◆図1
方程式を入力

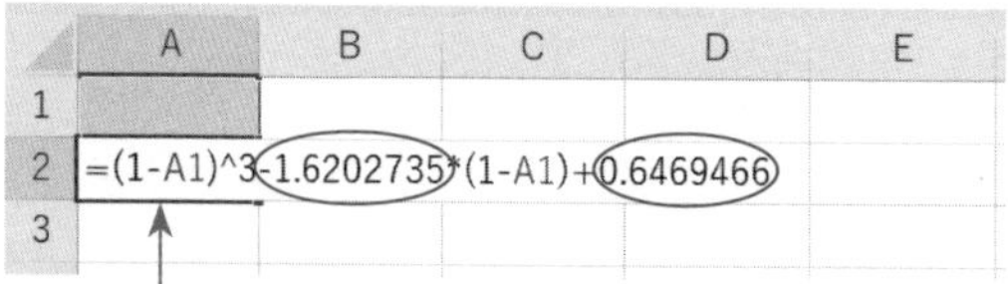

A1のセルを「変数λ」にみたてて、A2のセルに方程式を入力します。入力後、エンターキーを押すと、次の画面になります。A1のセルには値が入っていないので0として計算されます。またここでは標準の画面です。実際のA2のセルの値は「0.0266731000000001」となっています。

◆図2
入力後、次の画面

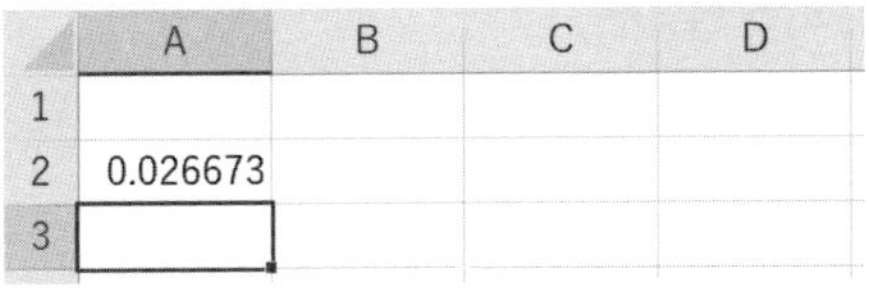

❷ A2のセルを選択して［データ］→［What-If分析］→［ゴールシーク］を選択すると次画面が表示されます。

◆図3
［ゴールシーク］

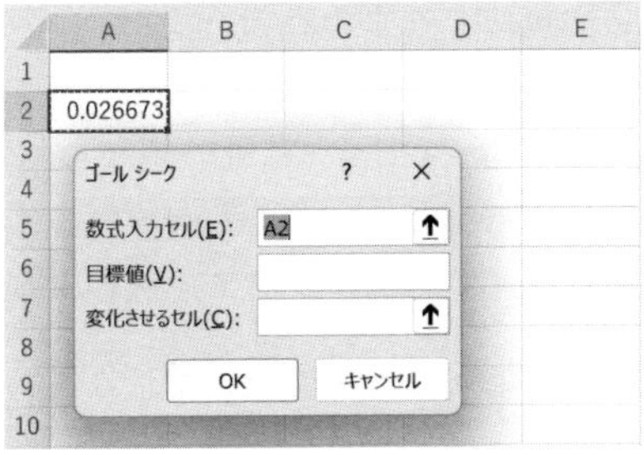

［目標値］として「0」を入力します。方程式の右辺が0なので、0を入力します。

［変化させるセル］にA1を指定します（カーソルが変化させるセルにある状態でA1のセルをクリックする）。

◆図4
［目標値］を「0」

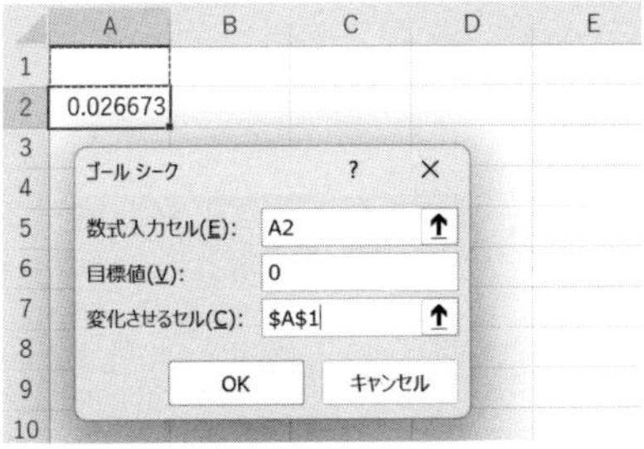

❸ OK ボタンを押すと次が表示されます。

◆図5
［ゴールシーク］の結果

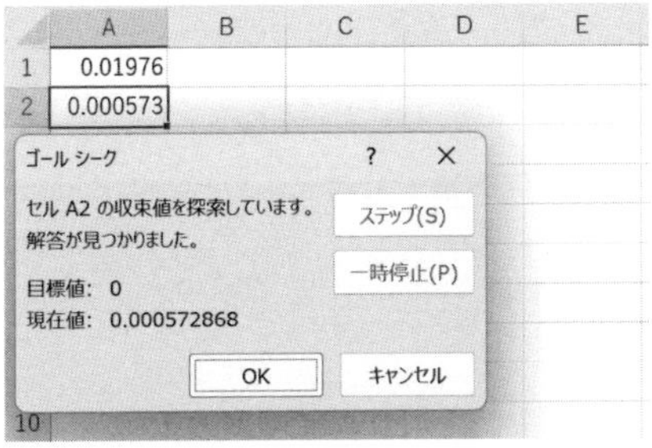

付録

A1にある値が1つ目の解です。

❹ 2つ目の解を求めます。

任意の値を入力します。値によっては解が存在しないというメッセージが表示されます。解が算出されるまでいろいろな値を入力します。

ここでは「1」を入力しました。

「1」を入力したのは次の理由からです。

この例題は主成分分析のλを求める問題（180ページ）です。「λ」は主成分得点の分散なので必ずプラスの値になります。

なお、主成分分析における2つ目の解は「1」前後の値になるので、A1のセルに「1」を入力します（0.1でも1.3でも1に近い値なら何でも可）。このように情報がある場合、比較的早く解を見つけることができます。

同じようにゴールシークのダイアログボックスで次のように入力します。

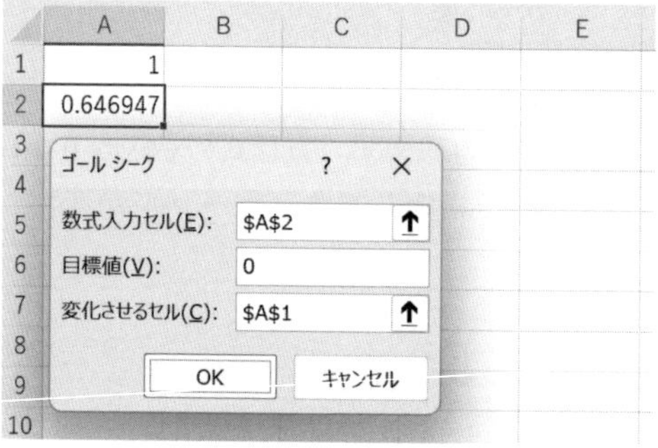

◆図6［ゴールシーク］

OK ボタンを押すと次が表示されます。

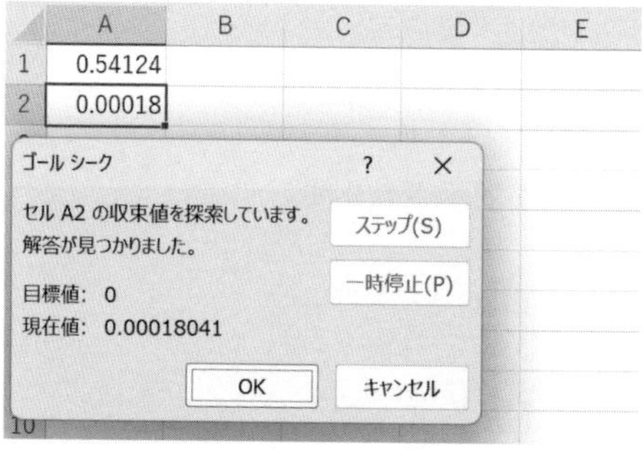

◆図7［ゴールシーク］の結果

A1にある値が2番目の解です。

❺ 3つ目の解を求めます。

主成分分析における3つ目の解は「2」以上なので、2より大きい任意の値をA1に入力します。ここでは「10」としました。

同じようにゴールシークで次のように入力します。

◆図8［ゴールシーク］

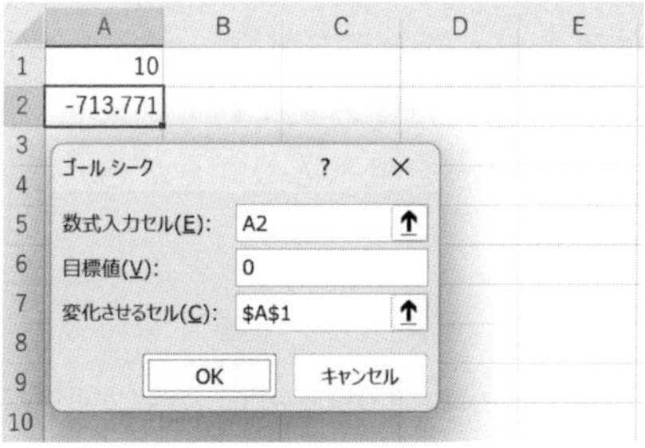

OK ボタンを押すと次が表示されます。

◆図9［ゴールシーク］の結果

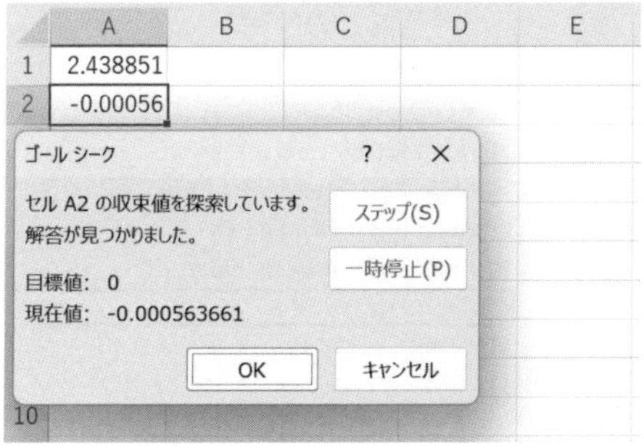

A1にある値が3番目の解です。

❻ 解は次の3つが求まりました。

	解
λ_1	0.02
λ_2	0.54
λ_3	2.44

◆ ソルバー

■ ソルバーの組み込み

Excelのメニューバー［ファイル］を選択し、［オプション］から［アドイン］のメニューを表示します。［アクティブなアプリケーションアドイン］に［ソルバーアドイン］が存在すれば、ソルバーは組み込まれています。図1のように存在しない場合、次の手順によってソルバーを組み込んでください。

◆図1
ソルバーの組み込み

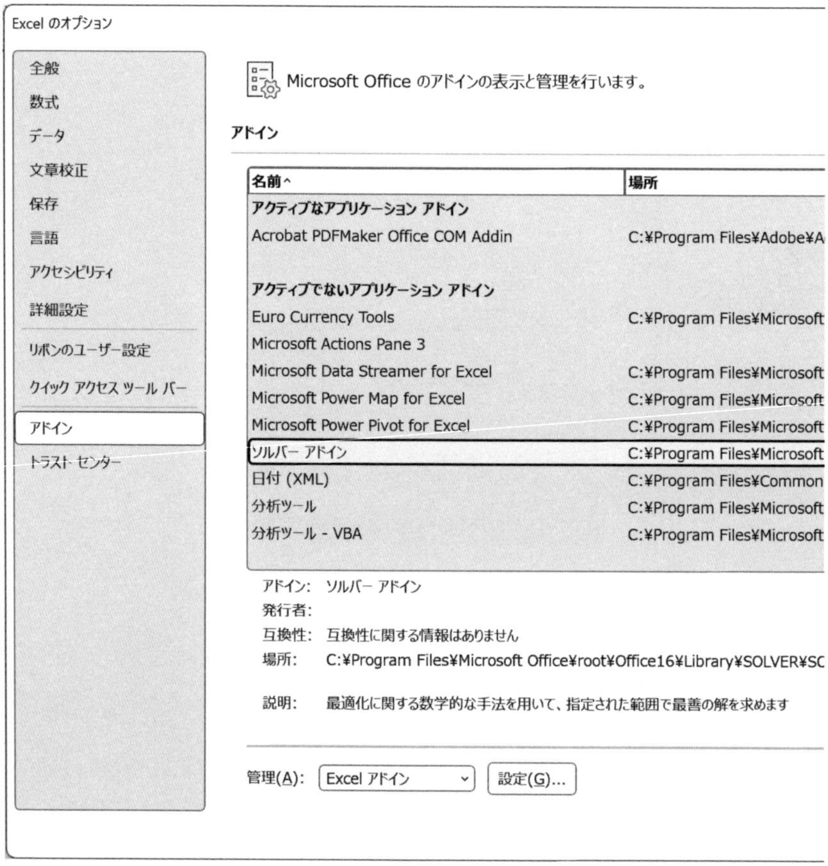

❶ Excelのメニューバー［ファイル］を選択し、［オプション］から［アドイン］を選択します。［アクティブでないアプリケーションアドイン］から［ソルバーアドイン］を選択し、画面下 設定 を押します。
次の画面が表示されます。

◆図 2
［アドイン］
ダイアログ
ボックス

❷［ソルバーアドイン］をチェックし OK ボタンを押します。

◆図 3
［ソルバー
アドイン］を
チェック

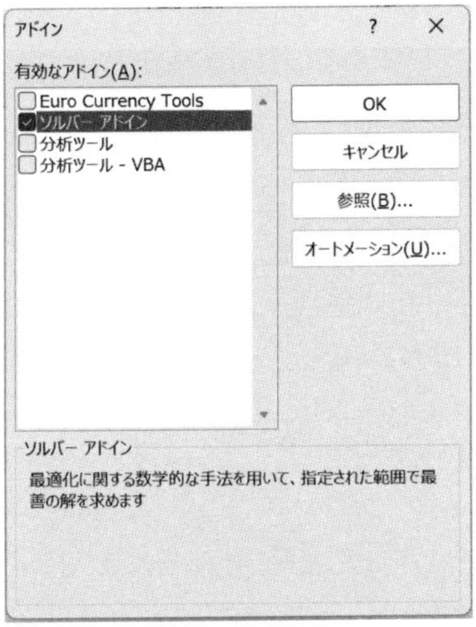

❸ すでに［ソルバー］が PC 本体に存在する場合、❷の手順のみで終了です。
確認の意味で❶を実行すると［ソルバーアドイン］のところが ✓ になっています。
古い Excel で［ソルバー］が PC 本体に存在していない場合、メッセージが表示されますのでマイクロソフト社の Excel のインストール CD-ROM を挿入してください。［ソルバー］の組み込みが開始されます。

■ 連立方程式の解法

例　題

次の式をExcelの「ソルバー」を使って解きなさい。

$$\begin{cases} 2x + 3y = 7 \\ 5x - 2y = 8 \end{cases}$$

〈ソルバーの考え方〉

2つの式をxについて整理します。

1番目式　$2x = -3y + 7$

$x = -1.5y + 3.5$　・・・（式1）

2番目式　$5x = 2y + 8$

$x = 0.4y + 1.6$　・・・（式2）

（式1）において

［ソルバー］が、yの値を変化させxの値を計算します。

ある任意のyと計算値xを（式1）に代入し、（式2）が成立するまで、xとyをさがし続けます。

例1　任意の$y=2$を（式1）と（式2）にそれぞれ代入

$x = 3.5 - 1.5y = 3.5 - 1.5 \times 2 = 0.5$　…（ア）

$x = 0.4y + 1.6 = 0.4 \times 2 + 1.6 = 2.4$　…（イ）

（ア）と（イ）は一致しない

⋮

例n　任意の$y=1$を（式1）と（式2）にそれぞれ代入

$x = 3.5 - 1.5y = 3.5 - 1.5 = 2$　…（ウ）

$x = 0.4y + 1.6 = 0.4 \times 1 + 1.6 = 2$　…（エ）

（ウ）と（エ）は一致

このように、いくつもの数字を入れて求めます。この場合、解は、$x=2$、$y=1$となります。

このように、いくつもの値を総当たり的に変化させる計算を人間がしたら大変なことになりますが、コンピュータだと瞬時に計算してしまいます。

このくらい簡単な計算であれば、（式1）と（式2）により、x、yの値は手作業でも求めることができます。しかし、主成分分析の固有ベクトルの算出等では、大きな威力を発揮します。

解　答

❶ Excelのシートに次を入力します。

A1、A2のセルにそれぞれにxとyの文字を入力します。

B1のセルに（式1）の右辺を入力し、エンターキーを押します。

B2のセルには初期値として0を入力します。

◆図4
入力例

	A	B	C
1	x	=3.5-1.5*B2	←エンターキーを押す前
2	y		←初期値

◆図5
実行結果

	A	B	C
1	x	3.5	←エンターキーを押した後
2	y	0	←初期値

❷［データ］→［ソルバー］を選択します。

目的セルとしてB1のセルをクリックします。

目標値は最大値を選択します。

変化させるセルとしてB2のセルをクリックします。

◆図6
ソルバー：パラメータ設定

❸ 上記画面で 追加 ボタンを押します。
セル参照でB1のセルをクリックします。
＝を選択します。
制約条件に（式2）の右辺を入力します。

◆図7
制約条件の
追加

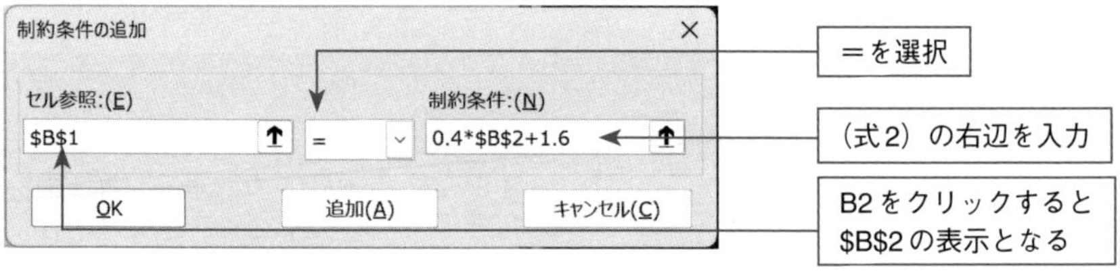

❹ OK ボタンを押すと次が表示されます。

◆図8
ソルバー：パ
ラメータ設定

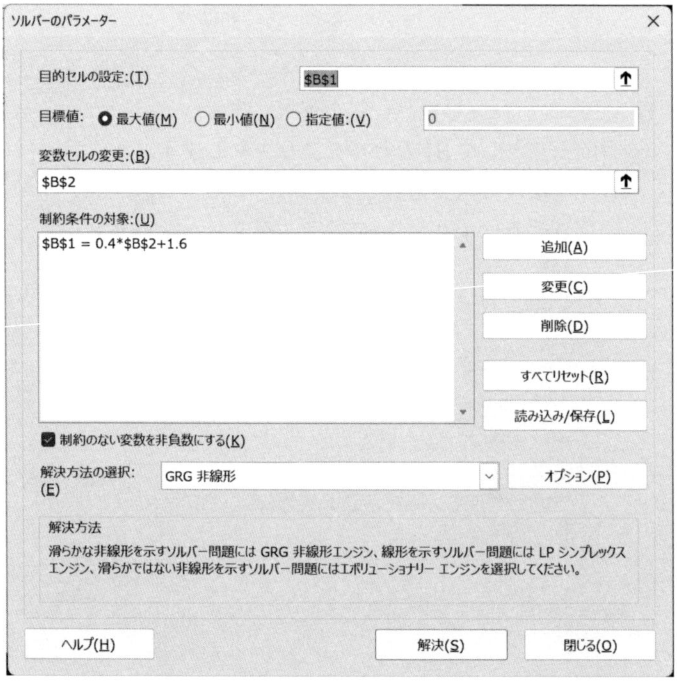

❺ 上記画面で 解決 ボタンを押すと次が表示されます。

◆図9
ソルバー：
探索結果

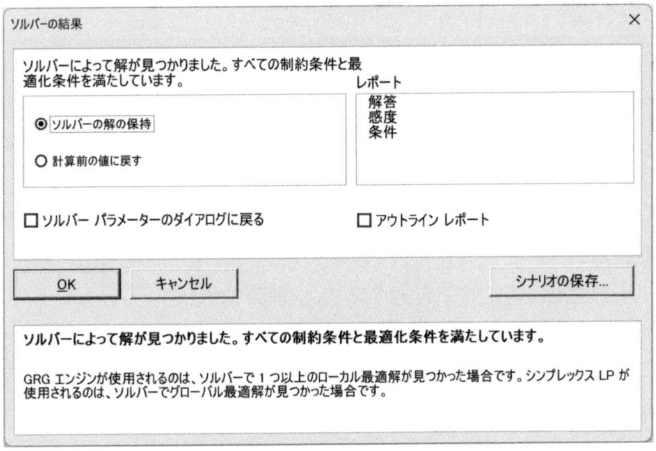

❻ OK ボタンを押すと解がB1、B2に表示されます。

◆図10
x、yの値

	A	B	C
1	x	1.999999	
2	y	1.000001	

■ 主成分分析の固有ベクトルを算出する

例　題

次式の固有ベクトルa_1、a_2、a_3を求めなさい。

$$a_1 + 0.6778a_2 + 0.5001a_3 - 2.4387a_1 = 0 \quad \cdots（式1）$$

$$0.6778a_1 + a_2 + 0.9544a_3 - 2.4387a_2 = 0 \quad \cdots（式2）$$

$$0.5001a_1 + 0.9544a_2 + a_3 - 2.4387a_3 = 0 \quad \cdots（式3）$$

$$a_1^2 + a_2^2 + a_3^2 = 1 \quad \cdots（式4）$$

$$0.6778a_1a_2 + 0.5001a_1a_3 + 0.9544a_2a_3 = (2.4387 - 1) \div 2 \quad \cdots（式5）$$

解　答

180ページ「具体例での固有ベクトルの算出」のデータを使用します。

（式1）～（式3）をa_1について整理します。

$$(2.4387 - 1)a_1 = 0.6778a_2 + 0.5001a_3$$

$$a_1 = 0.4711a_2 + 0.3476a_3 \quad \cdots（式6）$$

$$0.6778a_1 = 1.4387a_2 - 0.9544a_3$$

$$a_1 = 2.1226a_2 - 1.40801a_3 \quad \cdots（式7）$$

$$0.5001a_1 = -0.9544a_2 + 1.4387a_3$$

$$a_1 = -1.9085a_2 + 2.8771a_3 \quad \cdots（式8）$$

$$a_1^2 + a_2^2 + a_3^2 - 1 = 0 \quad \cdots(式9)$$

$$0.6778a_1a_2 + 0.5001a_1a_3 + 0.9544a_2a_3 - 0.7194 = 0 \quad \cdots(式10)$$

上記の式の係数はExcelの関数にあるデータ分析で計算された値ですので、小数点以下の桁数は16桁の値です。

例えば（式6）の0.4711は0.471115537353442です。式の係数を入力するとき、小数点以下4桁（例0.4711）のみの入力ですと計算誤差が発生します。だからといって小数点以下16桁を入力するのも面倒です。

そこで計算された係数をコピーして、1つの表にまとめておきます。

式の係数を入力するところで、表上にある係数をクリックすれば、小数点以下16桁の値を入力したと同じことになります。

下記表は計算値を1つの表にまとめたものです。

◆図11
計算値を1つの表にまとめたもの

	A	B	C	D	E
1	相関行列				
2		数学	国語	英語	
3	数学	1.0000			
4	国語	0.6778	1.0000		
5	英語	0.5001	0.9544	1.0000	
6					
7	主成分No.	固有値			
8	1	2.4387			
9	2	0.5411			
10					
11	式4-2-7	a2	a3		
12		0.4711	0.3476		
13	式4-2-8	a2	a3		
14		2.1226	-1.408		
15	式4-2-9	a2	a3		
16		-1.9085	2.8771		
17	式4-2-11	a1a2	a1a3	a2a3	定数項
18		0.6778	0.5001	0.9544	-0.7194

❶ Excelのシート上に次を入力します。

A20、A21、A22のセルに、求める係数a_1、a_2、a_3の数字を、A23のセルに「式の右辺」の文字入力をします。

B20に（式6）の右辺を入力し、エンターキーを押します。

B21、B22に初期値の「1」、B23に（式9）（式10）の右辺の値「0」を入力します。

◆図12
シート上に入力

20	a1	=B12*B21+C12*B22	エンターキーを押す前
21	a2	1	初期値
22	a3	1	初期値
23	式の右辺	0	

❷［データ］→［ソルバー］を選択します。

目的セルとしてシート上のB20をクリックします。

目標値は最大値を選択します。
変化させるセルはB21～B22のセルを範囲指定します。

◆図13
ソルバー：パラメータ設定

❸ 上記画面で 追加 ボタンを押します。
セル参照で、B20のセルをクリックします。
＝を選択します。
制約条件に（式7）の右辺を入力します。

◆図14
制約条件

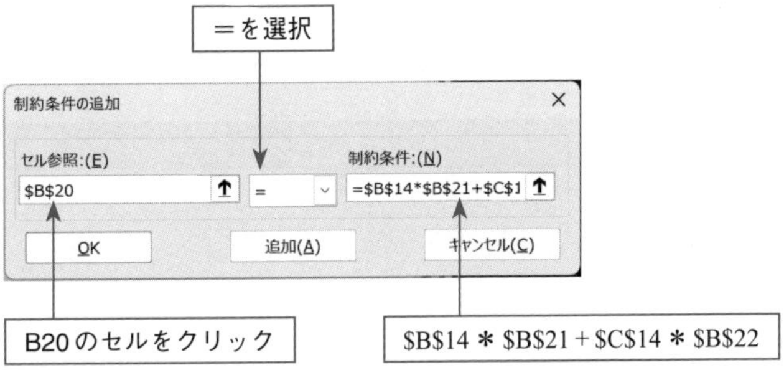

再度 追加 のボタンを押し、（式8）を入力します。
　セル参照→B20をクリック
　＝を選択
　制約条件→B16 ＊ B21＋C16 ＊ B22
追加 ボタンを押し、（式9）を入力します。
　セル参照→式の右辺が入力されているB23をクリック

＝を選択

制約条件→ B20^2 + B21^2 + B22^2-1

追加 ボタンを押し、（式 10）を入力します。

セル参照→式の右辺が入力されている B23 をクリック

＝を選択

制約条件→ B18 ＊ B20 ＊ B21
+ C18 ＊ B20 ＊ B22
+ D18 ＊ B21 ＊ B22 + E18

❹ 全ての式入力が終了したら OK ボタンを押します。
次が表示されます。

◆図 15
全ての式を入力

❺ 解決 ボタンを押すと次が表示されます。

◆図16
ソルバー：
探索結果

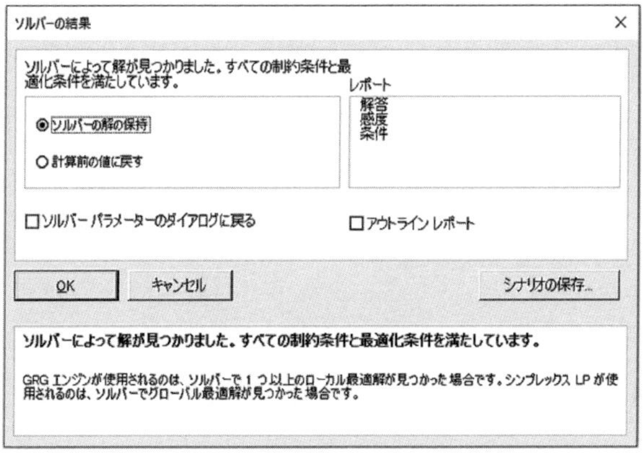

❻ OK ボタンを押すと解が表示されます。

◆図17
実行結果

20	a1	0.50256
21	a2	0.629704
22	a3	0.592376
23	式の右辺	0

付録

付-2　最小2乗法による回帰式の係数の算出方法

最小2乗法の公式がどのようにして作られたかを解説します。

一般的に、n個のデータ (x_1, y_1)，(x_2, y_2)，…，(x_i, y_i)，…，(x_n, y_n) について直線$y=ax+b$をあてはめ、理論値$\hat{y}_1$，$\hat{y}_2$，…，$\hat{y}_i$，…，$\hat{y}_n$が得られたとします。このとき$\hat{y}_i$は次の式で定義されます。

$$\hat{y}_i=ax_i+b \qquad \cdot\cdot\cdot（式1）$$

実績値と理論値との差の2乗の合計をS_Eとすると、（式1）より、

$$S_E=(y_1-\hat{y}_1)^2+(y_2-\hat{y}_2)^2+\cdots\cdots+(y_i-\hat{y}_i)^2+\cdots\cdots+(y_n-\hat{y}_n)^2$$
$$=\{y_1-(ax_1+b)\}^2+\{y_2-(ax_2+b)\}^2+\cdots\cdots+\{y_i-(ax_i+b)\}^2+\cdots\cdots+\{y_n-(ax_n+b)\}^2$$

総和記号$\sum$（シグマ）を使って表すと、

$$S_E=\sum(y_i-\hat{y}_i)^2=\sum\{y_i-(ax_i+b)\}^2 \qquad \cdot\cdot\cdot（式2）$$

（式2）において、S_Eを最小にするような、a、bを求めれば、もっともあてはまりの良い直線の式が求められます。このような方法で、a、bの値を求める方法を「最小2乗法」といいます。

（式2）を展開すると、

$$S_E=\sum\{y_i^2-2y_i(ax_i+b)+(ax_i+b)^2\}$$
$$=\sum y_i^2-2\sum y_i(ax_i+b)+\sum(ax_i+b)^2$$
$$=\sum y_i^2-2a\sum y_ix_i-2b\sum y_i+a^2\sum x_i^2+2ab\sum x_i+nb^2$$

S_Eが最小となるためには、S_Eを、a、bで微分し、

$\dfrac{dS_E}{da}=0$，$\dfrac{dS_E}{db}=0$を満足する、a、bを求めれば良いのです。

$$\frac{dS_E}{da}=-2\sum y_ix_i+2a\sum x_i^2+2b\sum x_i^2=0 \qquad \cdot\cdot\cdot（式3）$$

$$\frac{dS_E}{db}=-2\sum y_i+2a\sum x_i+2nb=0 \qquad \cdot\cdot\cdot（式4）$$

$$a=\frac{\sum x_iy_i-\sum x_i\sum y_i/n}{\sum x_i^2-\left(\sum x_i\right)^2/n} \qquad \cdot\cdot\cdot（式5）$$

分子は次より $\sum(x_i-\bar{x})(y_i-\bar{y})$ で表せます。

$$
\begin{aligned}
\sum(x_i-\bar{x})(y_i-\bar{y}) &= \sum(x_iy_i-\bar{x}y_i-\bar{y}x_i+\bar{x}\bar{y}) \\
&= \sum x_iy_i-\bar{x}\sum y_i-\bar{y}\sum x_i+n\bar{x}\bar{y} \\
&= \sum x_iy_i-\frac{\sum x_i\sum y_i}{n}-\frac{\sum y_i\sum x_i}{n}+n\frac{\sum x_i\sum y_i}{n\times n} \\
&= \sum x_iy_i-\frac{\sum x_i\sum y_i}{n}
\end{aligned}
$$

分母は次より $\sum(x_i-\bar{x})^2$ で表せます。

$$
\begin{aligned}
\sum(x_i-\bar{x})^2 &= \sum(x_i^2-2\bar{x}x_i-\bar{x}^2) \\
&= \sum x_i^2-2\bar{x}\sum x_i+n\bar{x}^2 \\
&= \sum x_i^2-\frac{2\sum x_i\sum x_i}{n}+n\left(\frac{\sum x_i}{n}\right)^2 \\
&= \sum x_i^2-\frac{\left(\sum x_i\right)^2}{n}
\end{aligned}
$$

これより

$$
a=\frac{\sum(x_i-\bar{x})(y_i-\bar{y})}{\sum(x_i-\bar{x})^2}=\frac{\text{積和}}{x\text{の偏差平方和}}=\frac{S_{xy}}{S_{xx}} \qquad \cdots（式6）
$$

（式4）を $2n$ で割ると、

$$
\frac{-\sum y_i}{n}+a\frac{\sum x_i}{n}+b=0 \qquad \cdots（式7）
$$

実績値 $x,\ y$ の $\bar{x}$、$\bar{y}$ は

$$
\bar{y}=\frac{\sum y_i}{n} \qquad \bar{x}=\frac{\sum x_i}{n}
$$

より（式7）は、$b=\bar{y}-a\bar{x}$ ・・・（式8）

付録

付-3 直交表

$L_4(2^3)$型

	2	2	2
	1	2	3
1	1	1	1
2	1	2	2
3	2	1	2
4	2	2	1

$L_8(2^7)$型

	2	2	2	2	2	2	2
	1	2	3	4	5	6	7
1	1	1	1	1	1	1	1
2	1	1	1	2	2	2	2
3	1	2	2	1	1	2	2
4	1	2	2	2	2	1	1
5	2	1	2	1	2	1	2
6	2	1	2	2	1	2	1
7	2	2	1	1	2	2	1
8	2	2	1	2	1	1	2

$L_9(3^4)$型

	3	3	3	3
	1	2	3	4
1	1	1	1	2
2	2	2	1	3
3	3	3	1	1
4	2	1	2	1
5	3	2	2	2
6	1	3	2	3
7	3	1	3	3
8	1	2	3	1
9	2	3	3	2

$L_{18}(3^7)$型

	3	3	3	3	3	3	3
	1	2	3	4	5	6	7
1	1	1	1	1	1	1	1
2	1	2	2	2	2	2	2
3	1	3	3	3	3	3	3
4	1	1	3	3	2	2	1
5	1	2	1	1	3	3	2
6	1	3	2	2	1	1	3
7	2	1	1	2	2	3	3
8	2	2	2	3	3	1	1
9	2	3	3	1	1	2	2
10	2	1	2	3	1	3	2
11	2	2	3	1	2	1	3
12	2	3	1	2	3	2	1
13	3	1	2	1	3	2	3
14	3	2	3	2	1	3	1
15	3	3	1	3	2	1	2
16	3	1	3	2	3	1	2
17	3	2	1	3	1	2	3
18	3	3	2	1	2	3	1

$L_{16}(4^3)$型

	4	4	4
	1	2	3
1	4	4	4
2	4	3	3
3	4	2	2
4	4	1	1
5	3	4	3
6	3	3	2
7	3	2	1
8	3	1	4
9	2	4	2
10	2	3	1
11	2	2	4
12	2	1	3
13	1	4	1
14	1	3	4
15	1	2	3
16	1	1	2

$L_9(2^2\&3^2)$型

	2	2	3	3
	1	2	3	4
1	1	2	1	3
2	1	1	3	2
3	2	1	1	2
4	2	1	2	3
5	2	2	3	1
6	1	1	1	1
7	1	1	3	3
8	1	1	2	1
9	1	2	2	2

$L_8(2^3\&3)$型

	2	2	2	3
	1	2	3	4
1	1	1	2	3
2	1	1	1	1
3	1	2	1	2
4	1	2	2	1
5	2	1	2	2
6	2	1	1	1
7	2	2	2	1
8	2	2	1	3

$L_{18}(2\&3^7)$型

	2	3	3	3	3	3	3	3
	1	2	3	4	5	6	7	8
1	1	3	3	3	3	3	3	3
2	1	3	2	2	2	2	2	2
3	1	3	1	1	1	1	1	1
4	1	2	3	3	2	2	1	1
5	1	2	2	2	1	1	3	3
6	1	2	1	1	3	3	2	2
7	1	1	3	2	3	1	2	1
8	1	1	2	1	2	3	1	3
9	1	1	1	3	1	2	3	2
10	2	3	3	1	1	2	2	3
11	2	3	2	3	3	1	1	2
12	2	3	1	2	2	3	3	1
13	2	2	3	2	1	3	1	2
14	2	2	2	1	3	2	3	1
15	2	2	1	3	2	1	2	3
16	2	1	3	1	2	1	3	2
17	2	1	2	3	1	3	2	1
18	2	1	1	2	3	2	1	3

$L_{16}(2\&4^2)$型

	2	4	4
	1	2	3
1	1	4	4
2	1	4	3
3	1	3	2
4	1	3	1
5	1	2	4
6	1	2	3
7	1	1	2
8	1	1	1
9	2	4	2
10	2	4	1
11	2	3	4
12	2	3	3
13	2	2	2
14	2	2	1
15	2	1	4
16	2	1	3

$L_{12}(2\&3\&4)$型

	2	3	4
	1	2	3
1	1	3	3
2	1	3	2
3	1	2	3
4	1	2	2
5	1	1	3
6	1	1	2
7	2	3	4
8	2	3	1
9	2	2	4
10	2	2	1
11	2	1	4
12	2	1	1

付 -4 本書で利用する「多変量解析ソフトウェア」のダウンロード方法

❶ 株式会社アイスタットの Web ページ（https://istat.co.jp/）にアクセスし、上部メニューにある［フリーソフトのダウンロード］を選択してください。

❷ 表示された画面の下あたりに多変量解析の［フリーソフトお申し込み］というボタンをクリックしてください。

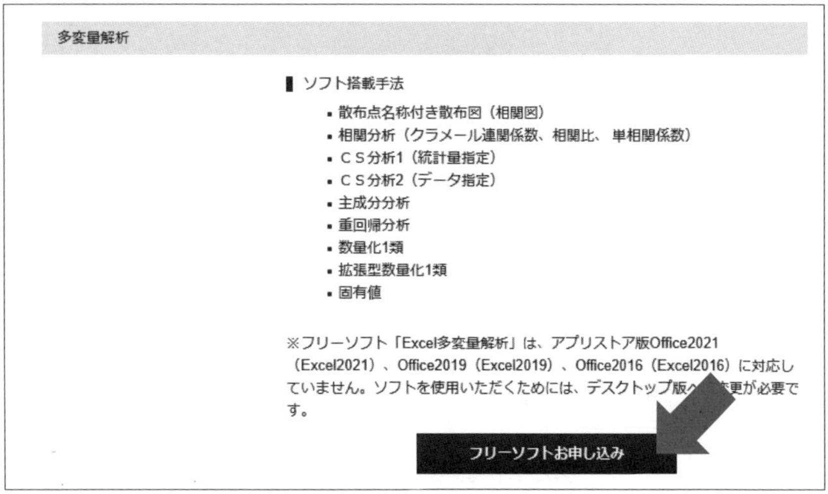

❸ ダウンロード・起動に関する注意事項、無料提供ソフトのダウンロード方法、必要環境・仕様をご参照の上、下部に表示されます解凍パスワードお申込フォームに必要事項をご入力ください。なお、赤色の※印は必須事項です。
また、お申し込み後はメールにてご連絡させていただきますので、メールアドレスにお間違いがないかお確かめください。

❹ 入力が完了しましたら、画面下部にある［確認画面へ］をクリックしてください。

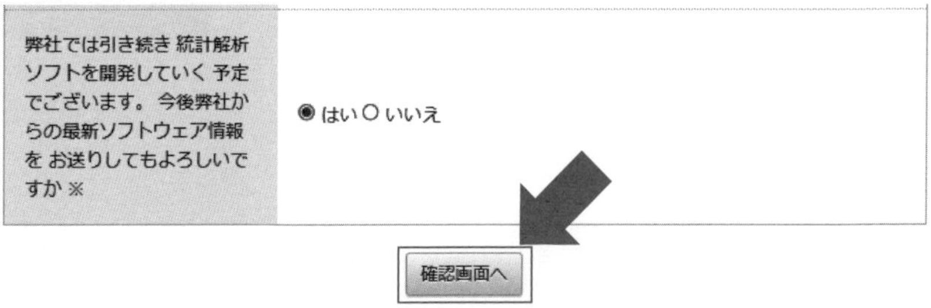

❺ 確認画面が表示されますので、間違いがなければ［送信する］をクリックしてください。
なお、入力内容に間違いがありましたら、［入力画面に戻る］をクリックすると、入力画面に戻りますので、修正して④に進んでください。

❻ 送信が完了しますと、次のようなメッセージが表示されます。入力されたメールアドレスに❼以降の手順が書かれたメールが届きますので、しばらくお待ちください。

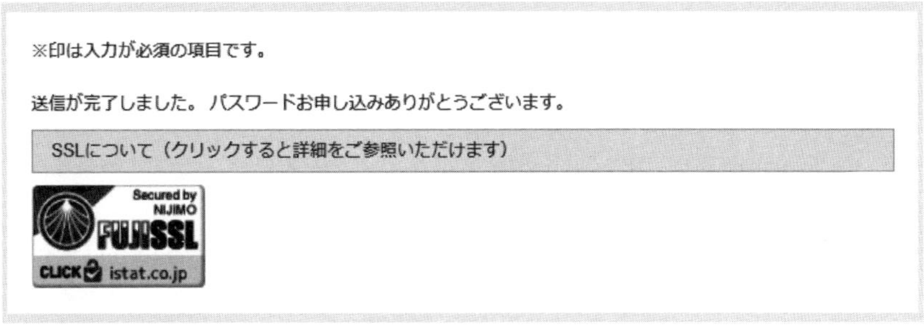

❼「パスワードお申込みをありがとうございます（株式会社アイスタット）」というタイトルのメールが届きましたら、そのメール本文中の次のURLからダウンロードを開始してください。
なお、このメールには「解凍パスワード」が書かれておりますので、誤って削除しないように注意してください。

ダウンロードについて

【ダウンロードURL】

実験計画法ソフトウェア、多変量解析ソフトウェア、統計解析ソフトウェア、EPA法ソフトウェアは下記URLからダウンロードしてください。

↓↓↓

https://istat.co.jp/download

【パスワードについて】

解凍パスワードは「●●●●」です。

※ 実験計画法ソフトウェア、多変量解析ソフトウェア、統計解析ソフトウェア、EPA法ソフトウェア全て共通のパスワードです。

付録

＜ご注意ください！＞
ソフトダウンロード前に必ず以下の注意事項をご確認ください。

【ソフト使用方法】
使用方法につきましては、zipファイルダウンロード後フォルダー内の「ソフトウェアの使い方.pdf」をご参照ください。

【ダウンロードについての注意事項】
下記の手順に従ってダウンロードおよびフォルダーの解凍を行ってください。

1　ZIPファイルをブラウザからダウンロードする。
2　必要に応じてウィルス検査をする。
3　ZIPファイルを解凍する。（右クリックして「解凍」または「すべて展開する」を選びます）
4　Excelを起動し、解析するデータ（任意のExcelファイル）を開く。
5　4の解析するデータファイルの「ファイル」タブから、「●●●（ソフトウェア名）.xlsm」を開く。

【アドインタブが表示されない場合】
上記方法でZIPファイルを解凍後、「●●●（ソフトウェア名）.xlsm」ファイルを起動しても「アドイン」タブが表示されない場合は、以下の方法をお試しください。

◆USBフラッシュメモリー、ネットワークサーバー、デスクトップなどに「●●●（ソフトウェア名）.xlsm」をコピーする。

◆「エクスプローラー」からコピー先の「●●●（ソフトウェア名）.xlsm」のアイコンを右クリックし、プロパティの「全般」タブを表示させる。
右下にある「ブロックの解除」ボタン→「適用」→「OK」をクリック。以下、上記の4～5の作業を行う。

【その他】
『「ブロックの解除」ボタンが表示されない』場合を含み、上記操作を行っても「アドイン」タブが表示されない場合や、その他ご不明な点やお気づきの点がございましたら、株式会社アイスタット（https://istat.co.jp）までお問い合わせ下さい。（アイスタットホームページのトップページ右上に、「お問い合わせフォーム」ボタンがあります）

❽「ダウンロードURL」をクリックすると、フリーソフトダウンロードページ画面が表示されます。[多変量解析] ボタンをクリックしてください

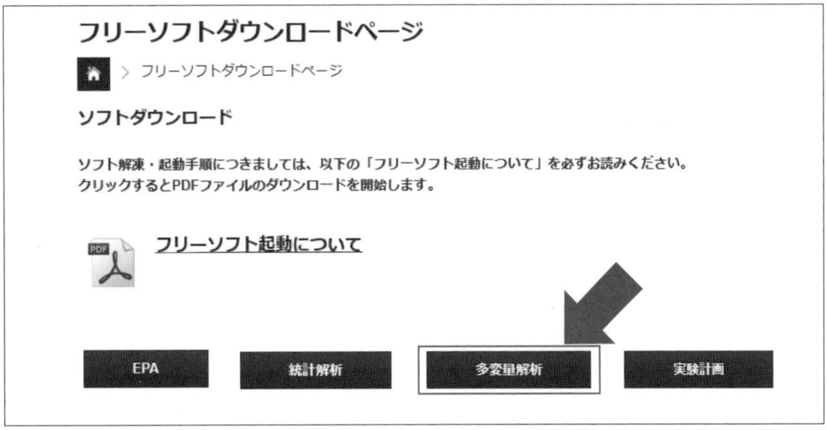

❾ 下記の画面が表示されたら、[多変量解析] を選択してください。

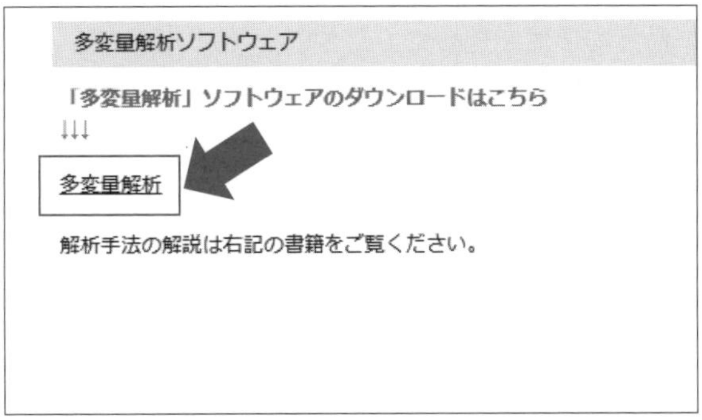

❿ お使いのブラウザによっては、次のように表示されることがあります。「保存」ボタンの右にある▼マークを選択し、保存場所を選んで、本ソフトウェアを保存してください。

◆ダイアログ

以上で、多変量解析ソフトウェアのダウンロードは完了いたしました。

付録

◆ 多変量解析ソフトウェアの実行上の注意

ご利用されているExcelの環境によっては、本ソフトウェアを実行した際に、次のような警告が表示されることがあります。

◆セキュリティの警告

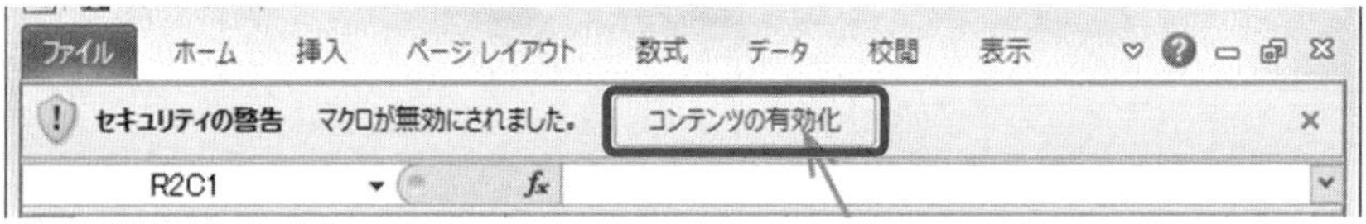

これは、ソフトウェア内に含まれているExcelのマクロが、PCのセキュリティ上問題があるかどうかを、ご利用される方に確認していただく警告です。ご利用の環境によっては表示されない場合もありますが、上記の手順で入手されたソフトウェアには問題ありませんので、「コンテンツの有効化」ボタンを選択して、マクロを有効にしてください。

以上で、本書でご利用する「多変量解析ソフトウェア」の環境は整いました。本書の説明に沿って学習を進めてください。

付-5 Excel データ分析の組み込み

本書ではExcelに標準添付のアドインソフト［データ分析］を使用しています。データ分析の組み込み方法を紹介いたします。画面はExcel 2016のものです。

◆ Excel データ分析の組み込み

1 準　備

データ分析がExcelに組み込まれているかどうかを確認します。

❶ Excelを起動します。

❷［データ］に［データ分析］が存在するか調べます。

◆図1
［データ］
メニュー

Excel 2016 の画面

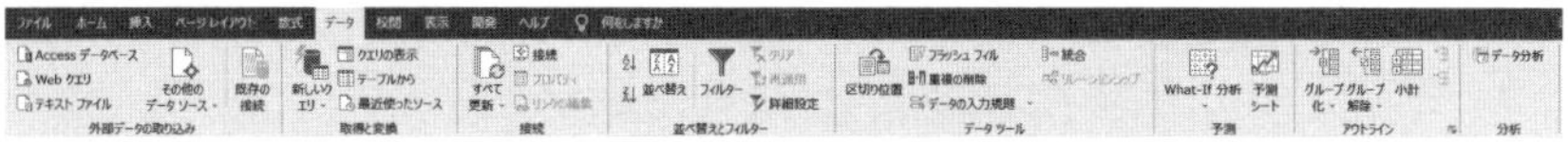

❸［データ］メニュー内に［データ分析］項目があれば、既に組み込まれておりますので、組み込みを行う必要はありません。

※ Excel 2003では、メニュー［ツール］内に［分析ツール］が存在するか調べます。

2.［データ分析］を有効にする

❶ Excelのツールバーから［ファイル］をクリックし、［オプション］をクリックします。

◆図2
［オプション］

Excel 2016の画面

❷ 表示されるダイアログで左側の［アドイン］をクリックし、［管理］に［Excel アドイン］を指定します。

◆図3
［Excel アドイン］

Excel 2016

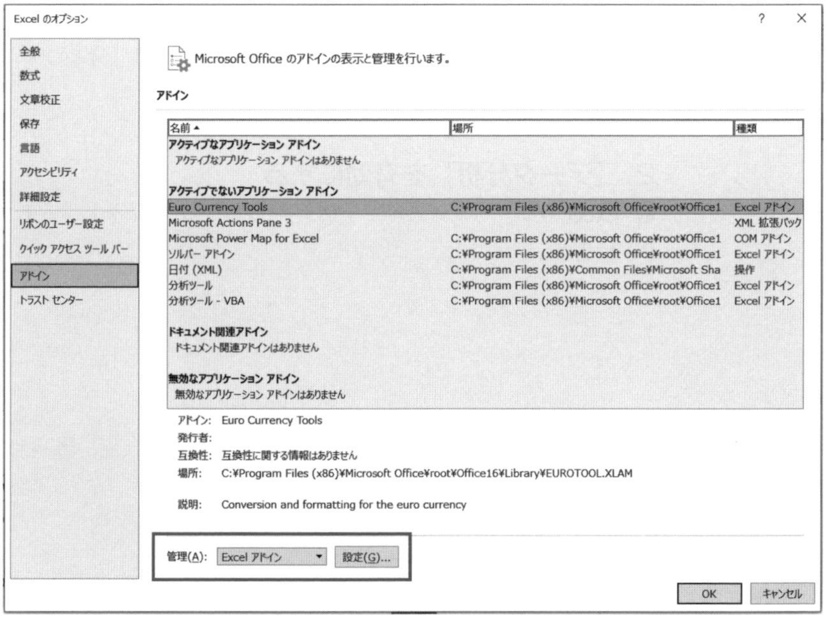

❸［設定］をクリックし、表示されるダイアログで［分析ツール］のチェックボックスをオンにし、［OK］をクリックします。

◆図4
［分析ツール］
のチェック
ボックス

Excel 2016

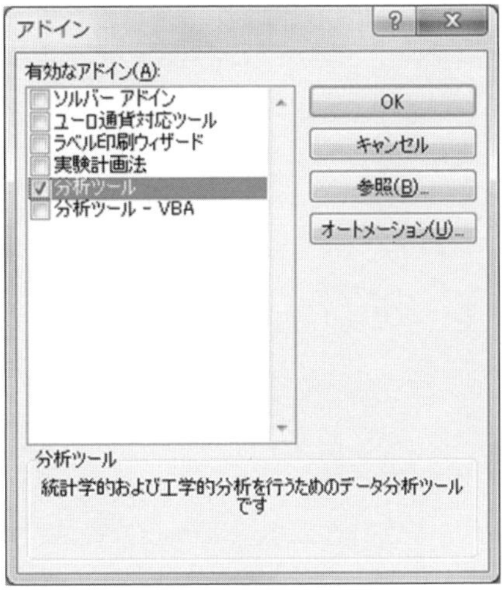

❹ もし、「分析ツールが現在コンピュータにインストールされていない」というメッセージが表示されたら、［はい］をクリックして分析ツールをインストールします。CD を入れるよう指示された場合は、『データ分析をインストールする』の手順で「アドイン」をインストールしてください。

◆ データ分析がインストールされていない場合

データ分析がパソコンにインストールされていない場合には、アドインをインストールする必要があります。インストール方法はご使用になる Excel や OS により異なりますので、詳細はご使用の Excel マニュアルなどを参照してください。

索　引

〈著者略歴〉

菅　民郎（かん　たみお）

1966 年 東京理科大学理学部応用数学科卒業
中央大学理工学研究科にて理学博士取得
2005 年 ビジネス・ブレークスルー大学院教授
2011 年 市場調査・統計解析・予測分析・統計ソフトウェア・統計解析セミナーを行う会社として、株式会社アイスタットを設立、代表取締役会長

〈主な著書〉

『初心者がらくらく読める　多変量解析の実践（上・下）』
『すべてがわかるアンケートデータの分析』
『初めて学ぶ統計学』
『ホントにやさしい多変量統計分析』
『入門！　実践的データ分析　カテゴリーデータの多変量解析』
（以上、現代数学社）

『Excel で学ぶ統計解析入門』
『Excel で学ぶ多変量解析入門』
『Excel で学ぶ統計的予測』
『例題と Excel 演習で学ぶ　実験計画法とタグチメソッド』
『例題と Excel 演習で学ぶ多変量解析　生存時間解析・ロジスティック回帰分析・時系列分析 編』
『例題と Excel 演習で学ぶ多変量解析　回帰分析・判別分析・コンジョイント分析 編』
『例題と Excel 演習で学ぶ多変量解析　因子分析・コレスポンデンス分析・クラスター分析 編』
『アンケート分析入門　Excel による集計・評価・分析』
『使える 51 の統計手法』（監修）
（以上、オーム社）

『ドクターも納得！　医学統計入門』（共著）
（以上、エルゼビア・ジャパン）

- 本書の内容に関する質問は、オーム社ホームページの「サポート」から、「お問合せ」の「書籍に関するお問合せ」をご参照いただくか、または書状にてオーム社編集局宛にお願いします。お受けできる質問は本書で紹介した内容に限らせていただきます。なお、電話での質問にはお答えできませんので、あらかじめご了承ください。
- 万一、落丁・乱丁の場合は、送料当社負担でお取替えいたします。当社販売課宛にお送りください。
- 本書の一部の複写複製を希望される場合は、本書扉裏を参照してください。

JCOPY ＜出版者著作権管理機構 委託出版物＞

Excelで学ぶ多変量解析入門（新装版）

2013 年 4 月 25 日　　第 1 版第 1 刷発行
2023 年 8 月 25 日　　新装版第 1 刷発行

著　者　菅　民郎
発行者　村上和夫
発行所　株式会社 オーム社
郵便番号　101-8460
東京都千代田区神田錦町 3-1
電話　03(3233)0641(代表)
URL　https://www.ohmsha.co.jp/

印刷・製本　壮光舎印刷
ISBN978-4-274-23085-1　Printed in Japan